WPS Office 办公应用教程

主　编　袁素琴

副主编　何红梅　赖新萍　邹新征

主　审　周元晟(北京金山办公软件股份
　　　　　　有限公司华中区负责人)

北京理工大学出版社
BEIJING INSTITUTE OF TECHNOLOGY PRESS

内 容 简 介

本书主要面向各类企事业单位文秘岗位、各级各类学校教育工作者、需要应用办公软件处理工作文档的各类岗位。本书基于项目导向、任务驱动、工作过程系统化课程开发等理念，共分为4个部分12个项目：第一部分"基础知识"，包括"计算机基础知识""WPS Office 2019 基础知识"；第二部分"WPS 文字"，包括"WPS 文字中文档的创建与编辑""WPS 文字中的图文混排""WPS 文字中的表格应用""WPS 文字中长文档的编排"；第三部分"WPS 表格"，包括"WPS 表格的编辑与数据计算""WPS 表格的数据排序、筛选及汇总""WPS 表格中的数据透视表和图表应用"；第四部分"WPS 演示"，包括"WPS 演示文稿中幻灯片的创建""WPS 演示文稿的编辑与美化""WPS 演示文稿的动画设计与放映"。本书融合课程思政，紧跟 WPS 新技术的发展动态，内容翔实、结构清晰、通俗易懂，具有很强的可操作性和实用性。

本书适合作为各级院校的教材，也可作为广大 WPS 用户、办公自动化和文字处理初学者、计算机爱好者的自学用书。

版权专有　侵权必究

图书在版编目（CIP）数据

WPS Office 办公应用教程／袁素琴主编． -- 北京：
北京理工大学出版社，2022.7
ISBN 978 – 7 – 5763 – 1316 – 1

Ⅰ. ①W… Ⅱ. ①袁… Ⅲ. ①办公自动化 – 应用软件
– 高等职业教育 – 教材 Ⅳ. ①TP317.1

中国版本图书馆 CIP 数据核字（2022）第 077700 号

出版发行／北京理工大学出版社有限责任公司
社　　址／北京市海淀区中关村南大街5号
邮　　编／100081
电　　话／（010）68914775（总编室）
　　　　　（010）82562903（教材售后服务热线）
　　　　　（010）68944723（其他图书服务热线）
网　　址／http：//www.bitpress.com.cn
经　　销／全国各地新华书店
印　　刷／河北盛世彩捷印刷有限公司
开　　本／787 毫米×1092 毫米　1/16
印　　张／17.5　　　　　　　　　　　　　　　　责任编辑／钟　博
字　　数／390 千字　　　　　　　　　　　　　　文案编辑／钟　博
版　　次／2022 年 7 月第 1 版　2022 年 7 月第 1 次印刷　　责任校对／周瑞红
定　　价／89.00 元　　　　　　　　　　　　　　责任印制／施胜娟

图书出现印装质量问题，请拨打售后服务热线，本社负责调换

编 委 会

前　言

WPS Office 2019 是由北京金山办公软件股份有限公司自主研发的一款办公软件套装，可以实现最常用的文字、表格、演示等多种功能。由于具有内存占用率低、运行速度快、体积小、有强大插件平台支持、免费提供海量在线存储空间及文档模板等特点，WPS Office 2019 深受许多办公人员的青睐，在企事业单位中的应用较为广泛。

本书以高等职业教育计算机应用和软件应用专业人才培养方案为依据，并融合计算机等级考试一级和 1 + X WPS 中级的相关内容，与金山软件股份有限公司的行业专家共同开发。作为一本校企双元教材，本书注重培养学生的职业技能和职业素养，在设计理念上，突出学生在教学过程中的主体地位，在内容选取上，除了侧重学生职业技能的培养，更注重培养学生的社会责任心和爱国主义情操。在内容组织编排上，本书采用活页式教材模式，将 WPS Office 2019 的理论知识、实习实训集于一体，打造高等职业教育"教学做一体化教材"，体现了高等职业教育教学的特色。

本书一共分为 4 个部分 12 个项目，邹新征编写第一部分"基础知识"，包括项目 1 "计算机基础知识"、项目 2 "WPS Office 2019 基础知识"，袁素琴编写第二部分"WPS 文字"，包括项目 3 "WPS 文字中文档的创建与编辑"、项目 4 "WPS 文字中的图文混排"、项目 5 "WPS 文字中的表格应用"、项目 6 "WPS 文字中长文档的编排"；赖新萍编写第三部分"WPS 表格"，包括项目 7 "WPS 表格的编辑与数据计算"、项目 8 "WPS 表格的数据排序、筛选及汇总"、项目 9 "WPS 表格中的数据透视表和图表应用"；何红梅编写第四部分"WPS 演示"，包括项目 10 "WPS 演示文稿中幻灯片的创建"、项目 11 "WPS 演示文稿的编辑与美化"、项目 12 "WPS 演示文稿的动画设计与放映"。

本书在强调内容实用性、典型性的同时，针对软件技术高速发展的趋势，尽可能把关联的新技术、新应用介绍给读者。本书还具备以下特点。

（1）案例丰富，即学即用。本书在介绍基础知识的同时，安排了大量的案例，读者可在完成案例的同时快速提高学习兴致。案例讲解清晰细致，读者可以轻松独立地完成每个案例的制作，并将其直接应用到学习和工作中。

（2）一步一图，分步详解。本书在介绍具体操作步骤时，每一个操作步骤都配有对应的插图，在插图上标明具体的操作位置及操作方法，使读者能够更快、更精确地完成各个操作。

（3）环境教学，内容丰富。本书除了介绍必要的知识点外，还安排了"提示""技巧""任务工单"和"知识测试与能力训练"等环节，每个环节都能让读者的技能有所提高，并丰富了课堂内容。

（4）手机视频，注重效率。为了方便读者学习，本书附赠多媒体教学视频，并将其制作成二维码放置于各项目中，读者可在阅读本书的同时使用手机扫码观看视频，提高学习效率。

由于编写时间仓促，编者水平有限，书中难免存在纰漏之处，对于书中存在问题和建议，请与编者联系（编者电子邮箱：759313385@qq.com）。

编 者

目 录

第四部分　WPS 演示

第一部分　基础知识

项目 1

计算机基础知识

项目概述

计算机俗称"电脑"，是 20 世纪的发明，它从最初的军事科研应用扩展到现在的各个领域。随着网络和通信技术的飞速发展，计算机已经成为各行各业不可缺少的办公设备。因此，熟练掌握计算机的操作，有助于提升个人的办公能力，提升工作效率。

本项目主要介绍计算机的发展简史、计算机系统的组成以及计算机的基本操作和汉字录入。通过学习，读者应熟练掌握键盘、鼠标的操作，为深入学习计算机专业知识奠定基础。

知识目标

➤ 了解计算机的发展简史；
➤ 了解和掌握计算机系统的组成；
➤ 熟悉鼠标和键盘。

技能目标

➤ 熟练掌握鼠标和键盘的操作；
➤ 能进行文件和目录的管理；
➤ 能熟练进行汉字录入。

素质目标

➤ 培养学生学习新知识、接受新事物的能力；
➤ 培养学生正确规范的操作习惯；
➤ 培养学生发现问题、解决问题的可持续发展能力；
➤ 培养学生有梦想、善思考、肯奉献的可贵品质。

任务1.1 认识计算机

第一部分 知识学习

课前引导

为了更好地学习计算机知识，适应将来的专业课需求，新生小李想买一台笔记本计算机，他的父母希望将总价控制在 5 000 元以内，那么如何选购一台性价比比较高的笔记本计算机呢？

任务描述

在日常学习、生活和工作中，购买一台属于自己的计算机是非常有必要的，所以首先要了解计算机的基本知识、计算机系统的组成、计算机的性能指标等内容。

任务目标

（1）了解计算机的发展过程；

（2）了解计算机的特点及分类；

（3）了解和掌握计算机的主要性能指标；

（4）了解和掌握计算机系统的组成。

活动1 计算机概述

1. 计算机的发展过程

1946 年 2 月 14 日，世界上第一台通用电子数字计算机 ENIAC 在美国宾夕法尼亚大学诞生，如图 1－1 所示。

从第一台计算机诞生至今，计算机技术有了飞速的发展，在计算机的发展过程中，电子元器件的变更及电路的集成起到了决定性的作用，是计算机更新换代的主要标志。按照计算机所采用的电子元件，可以把计算机的发展划分为四代。

图 1－1 世界上第一台通用电子数字计算机 ENIAC

（1）第一代计算机（1946—1957 年）：电子管计算机；

（2）第二代计算机（1958—1964 年）：晶体管计算机；

（3）第三代计算机（1965—1970 年）：中、小规模集成电路计算机；

（4）第四代计算机（1971 年至今）：大规模、超大规模集成电路计算机。

2. 计算机的特点

计算机之所以能成为现代化信息处理的重要工具，主要是因为它具有以下突出特点。

1）运算速度快

目前，计算机的运算速度可以达到几十至几百万亿甚至几千万亿/秒，使大量复杂的科学计算问题得到解决。例如：卫星轨道的计算、24 小时天气预报的计算等过去人工计算需要几年、几十年才能完成的工作，现在用计算机只需几分钟就可以完成。

2）计算精度高

导弹之所以能精准地击中预定的目标，与计算机的精确计算是分不开的。计算机用于数值计算可以达到千分之一到几百万分之一的精度，是其他计算工具无法相比的。

3）具有逻辑判断功能

计算机不仅能计算，还可以对各种信息通过编码技术进行推理和证明。计算机能根据判断的结果自动转向执行不同的操作或命令。

4）存储容量大

计算机内部的存储器具有记忆特性，可以存储大量信息。这些信息不仅包括各类数据信息，还包括加工这些数据信息的程序。

5）自动化程度高

由于计算机具有存储记忆能力和逻辑判断能力，所以人们可以将预先编好的程序组存入计算机内存，在程序控制下，计算机能摆脱人的干预，自动、连续地进行各种操作。

6）通用性强，支持人机交互

目前，计算机已广泛应用于工业生产和信息处理及人工智能等各个领域，成为人们工作、生活、学习、娱乐必不可少的工具。

3. 计算机的分类

计算机的种类有很多，可以从不同的角度对计算机进行分类。

1）按信息处理方式分类

根据信息处理方式，可以将计算机分为模拟计算机、数字计算机以及数字模拟混合计算机。模拟计算机主要处理模拟信息，而数字计算机主要处理数字信息，数字模拟混合计算机既可处理数字信息，也可处理模拟信息。

2）按功能分类

根据计算机的功能，可以将计算机分为通用计算机和专用计算机。通用计算机是为了解决各种问题而设计的，具有较强的通用性的计算机。专用计算机是为了解决某一个或某一类特定问题而设计的计算机（如军事系统、银行系统）。

3）按规模和处理能力分类

（1）巨型计算机。

巨型计算机一般应用于国防和尖端科学领域。目前，巨型计算机主要用于战略武器（如核武器和反导弹武器）的设计、空间技术、石油勘探、天气预报等领域。研制巨型计算机也是衡量一个国家经济实力和科学水平的重要标志。

（2）大、中型计算机。大、中型计算机具有较高的运算速度，每秒可以执行几千万条指令，而且有较大的存储空间，往往用于科学计算、数据处理等。

（3）小型计算机。小型计算机规模较小、结构简单、对运行环境要求较低，一般为中、小型企事业单位或某一部门所用。

（4）微型计算机。微型计算机就是个人计算机，它小巧轻便，广泛用于个人、公司等，是目前发展最快的计算机类型。

4）按工作模式分类

（1）服务器。服务器是一种可供网络用户共享的、高性能的计算机，服务器中安装的是网络操作系统，具有较高的安全性、稳定性。

（2）工作站。工作站通过网络连接可以互相进行信息的传送，实现资源、信息的共享。

4. 计算机的应用

计算机的应用几乎包括人类生活的一切领域，可以说是包罗万象，不胜枚举。据统计，计算机已应用于 8 000 多个领域，并且还在不断扩大。根据计算机的应用特点可以将其归纳为以下几个方面。

1）科学计算

计算机最早应用在科学方面，在解决高能物理、工程设计、地震预测、气象预报、航天技术等领域的问题方面作用非常显著，目前，科学计算仍然是计算机应用的一个重要领域。

2）数据处理

数据处理又称为信息处理，是目前计算机应用的主要领域。数据处理是指利用计算机加工、管理与操作任何形式的数据资料，如文字、图像、声音的收集、存储、加工、分析和传输，企业管理，物资管理，报表统计，信息检索等，它泛指非科学计算方面、以管理为主的所有应用领域。

3）过程控制

过程控制也称为实时控制，即计算机对不断变化的过程进行分析判断，进而采取相应的措施，计算机作为控制部件对单台设备或整个生产过程进行控制，以保证过程的正常进行。

4）计算机辅助系统

计算机辅助系统用于帮助工程技术人员进行各种工程设计工作。计算机辅助系统主要包括计算机辅助设计（Computer Aided Design，CAD）、计算机辅助教学（Computer Assisted Instruction，CAI）、计算机辅助制造（Computer Assisted Manufacturing，CAM）等。

5）计算机网络

计算机网络的建立，不仅实现了世界各地的计算机之间的通信，各种软、硬件资源的共享，也大大促进了国际间的文字、图像、视频和声音等各类数据的传输与处理。

6）电子商务

电子商务的发展前景广阔，它能通过网络为各企业建立业务往来的桥梁，具有高效率、低成本、高受益等特点。

7）人工智能

人工智能是指用计算机模仿人类大脑的工作方式，如人脸识别、语音识别、指纹识别等，使计算机具有识别语言、文字、图形和进行推理、学习以及适应环境的能力。

活动2　计算机系统

一个完整的计算机系统包括计算机硬件系统和计算机软件系统两大部分。

计算机硬件系统是指直观的机器部分（看得见、摸得着的），以台式计算机为例，计算机硬件系统包括由主机、显示器、键盘和鼠标等构成的计算机的所有实体部件的集合。

计算机软件系统是指在硬件设备上运行的各种程序及有关资料。所谓程序实际上是用户指挥计算机执行各种动作以便完成指定任务的指令集合。

计算机系统的结构如图1-2所示。

计算机的硬件和软件相辅相成，缺一不可，没有软件的计算机无法为人们做任何事情。

通常，把没有安装任何软件的计算机称为硬件计算机或裸机。普通用户面对的一般不是裸机，而是在裸机上配置若干软件之后构成的计算机系统。有了软件就可以搭建计算机和计算机使用者之间的桥梁。正是由于软件丰富多彩，可以出色地完成各种不同的任务，才使计算机的应用领域日益广泛。当然，计算机硬件是支撑计算机软件工作的基础，没有足够的计算机硬件支持，计算机软件也就无法正常工作。计算机软件随计算机硬件技术的迅速发展而发展，而计算机软件的不断发展与完善又促进了计算机硬件的新发展，两者的发展密切地交织着。

1. 计算机硬件系统

计算机硬件系统由主机和外部设备组成，它包括输入设备、输出设备、运算器、控制器和存储器5个部分，具体来说有主板、中央处理器、存储器及输入/输出设备等。

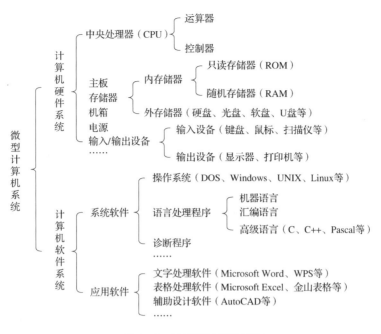

图 1 - 2 计算机系统的结构

1）主板

主板安装在主机箱内，是计算机系统中最大的电路板，也是最重要的部件之一，主板上分布着芯片组、CPU 插座、内存插槽、总线扩展槽、输入/输出接口等。主板按结构分为 AT 主板（已淘汰）和 ATX 主板。主板是计算机系统的主体和控制中心，它几乎集合了全部系统的功能，控制着各部分之间协调工作。典型的主板外观如图 1 - 3 所示。

2）中央处理器

中央处理器（Central Processing Unit，CPU）由运算器和控制器组成，是计算机的指挥和运算中心。

CPU 是计算机的心脏，它决定了计算机的性能和速度，代表计算机的档次。CPU 的运行速度通常用主频表示，以赫兹（Hz）作为计量单位。在评价计算机时，首先看其 CPU 是哪一种类型，对于同一档次的 CPU 还要看其主频的高低，主频越高，速度越快，性能越好。一般 CPU 的外观如图1 - 4 所示。

图 1 - 3 典型的主板外观

图 1 - 4 一般 CPU 的外观

3）存储器

存储器是计算机用来存储指令和数据的部件。存储器分为内存储器（主存储器）和外存储器（辅助存储器），其主要区别是：内存储器是 CPU 直接读取信息的地方，内存储器存取数据速度快、容量小、数据在关机后消失；外存储器容量大，数据可以长期保存。

（1）内存储器

内存储器又称为主存储器，简称内存、主存，按功能可分为随机存储器（Random Access Memory，RAM）和只读存储器（Read Only Memory，ROM）两类。

RAM 就是通常所说的内存，它是一种可读写存储器，其内容可以随时根据需要读出，也可以随时重新写入新的信息。RAM 又可以分为静态 RAM（Static RAM，SRAM）和动态 RAM（Dynamic RAM，DRAM）两种。SRAM 的速度较快，但价格较高，适宜在特殊的场合使用。例如，高速缓冲存储器一般用 SRAM 做成。DRAM 的速度相对较慢，但价格较低，在个人计算机中普遍用它做成内存条，如图 1 - 5 所示。

图 1 - 5　内存条

不论是 SRAM 还是 DRAM，在计算机断电后，RAM 中的数据或信息都将全部丢失。计算机在运行各种程序时，首先要把程序与数据调入内存，这样才能由 CPU 处理，所以，内存容量越大，同一时间处理的信息量就越大，计算机的性能也就越好。

ROM 是一种内容只能读出而不能写入和修改的存储器，通常是主板厂家固化在主板上的一块芯片，在计算机运行过程中，ROM 中的信息只能被读出，而不能写入新的内容。计算机断电后，ROM 中的信息不会丢失。

（2）外存储器。

外存储器又称为辅助存储器，简称外存、辅存。外存用于存放暂时不用的程序和数据，外存不能直接被 CPU 访问，外存中的信息只有被调入内存才能被 CPU 访问。相对于内存而言，外存的特点是：存取速度较慢，但存储容量大，价格较低，信息不会因断电而丢失。目前最常用的外存有硬盘、移动硬盘、光盘和 U 盘等。

①硬盘。硬盘（图 1 - 6）是计算机中非常重要的存储设备，它对计算机的整体性能有很大的影响。硬盘一般都封装在一个金属盒子里，固定在主机箱内，它具有磁盘容量大、存取速度快、可靠性高的特点。目前，常用的硬盘直径有 3.5 英寸①或 2.5 英寸，容量一般为几十 GB 到几百 GB 甚至几 TB。硬盘在使用前要进行分区和格式化，通常在 Windows 操作系统的"我的电脑"中看到的 C、D、E 盘等就是硬盘的逻辑分区。

②移动硬盘。移动硬盘（图 1 - 7）是以硬盘为存储介质，与计算机之间交换大容量数据，强调便携性的存储产品。移动硬盘多采用 USB、IEEE1394 等传输速度较快的接口，可以较高的速度与计算机系统进行数据传输。移动硬盘所具有的出色特性包括容量大（几十 GB 到几百 GB），携带方便，存储方便，安全性、可靠性高，兼容性好，传输速度快等，这使它受到越来越多的用户的青睐。

图 1 - 6　硬盘

图 1 - 7　移动硬盘

---

①　1 英寸 = 0.025 4 米。

③光盘。光盘是利用光学方式进行读/写的外存储器，要使用光盘，计算机必须配置光盘驱动器（即 CD - ROM 驱动器）。光盘及光盘驱动器的外观如图 1 - 8 所示。

光盘可以存放各种文字、声音、图形、图像和动画等多媒体数字信息，而且具有价格低、存储容量大、可靠性高、易长期保存等特点。一张 CD - ROM 光盘的容量在 650 MB 左右，只要存储介质不发生问题，光盘上的信息就一直存在。

④U 盘。U 盘（图 1 - 9）是采用闪存芯片作为存储介质的一种新型移动存储设备，其因采用标准的 USB 接口与计算机连接而得名。

图 1 - 8　光盘及光盘驱动器的外观　　　　　　图 1 - 9　U 盘

U 盘具有质量小、体积小、容量大、不需要驱动器、无外接电源、即插即用、存取速度快等特点，能在不同计算机之间进行文件交换。U 盘的存储容量一般有 16 GB、32 GB、64 GB 等，最大可达几百 GB。使用时应避免在读/写数据时拨出 U 盘。

4）输入设备

输入设备的主要功能是向计算机输入各种原始数据和指令，它是用户和计算机系统之间进行信息交换的桥梁，把各种形式的信息（如数字、文字、图像等）转换为数字形式的"编码"（二进制编码）输入计算机中存储起来。

常用的输入设备主要有键盘、鼠标、扫描仪、触摸屏、手写板、光笔、话筒、摄像机、数码照相机、磁卡读入机、条形码阅读机、数字化仪等。

5）输出设备

输出设备的主要功能是把计算机加工处理的结果（仍然是二进制编码）转换成人们所能接收的形式（如文字、数字、图像、声音等）并输出。

常用的输出设备有显示器、打印机、绘图仪、影像输出系统、语音输出系统、磁记录设备等。显示器与打印机的外观如图 1 - 10 所示。

图 1 - 10　显示器与打印机的外观

选购计算机硬件小知识：

（1）主板。主板的性能和插槽数量决定了计算机的性能和今后升级的空间。

（2）CPU。核"芯"数越大，处理速度越快。目前家用计算机的 CPU 普遍是四核的，也有八核的。

（3）内存。内存越大，计算机反应越快。目前家用计算机的内存普遍是 4G、8G 的，也有 16G 的。

（4）显卡。显卡的显存越大，计算机反应越快，尤其是进行专业制图和玩大型网络游戏对显卡要求很高。目前家用计算机显卡的显存一般是 1G、2G 的。

（5）硬盘。硬盘的容量和转速决定了计算机的性能。目前家用计算机普遍采用容量为 1TB 的硬盘。

2. 计算机软件系统

要使计算机正常工作，还需要安装计算机软件，计算机软件是指计算机程序及有关程序的技术文档资料，计算机软件的作用是指挥计算机硬件进行工作，通常安装在外存储器中。

随着计算机的发展，人们根据不同的需要设计相应的计算机软件。计算机软件可以分为系统软件和应用软件两大类。

1）系统软件

系统软件是指担负控制和协调计算机及其外部设备、支持应用软件的开发和运行的一类计算机软件。系统软件一般包括操作系统、语言处理程序、数据库系统和网络管理系统。

2）应用软件

应用软件是指为特定领域开发并为特定目的服务的一类计算机软件。应用软件是直接面向用户需要的，它们可以直接帮助用户提高工作质量和效率，甚至可以帮助用户解决某些难题。应用软件一般分为两类：一类是为特定需要开发的实用型软件，如会计核算软件、教育辅助软件等；另一类是为了方便用户使用计算机而提供的一种工具软件，如用于文字处理的 WPS、用于辅助设计的 AutoCAD 及用于系统维护的瑞星杀毒软件等。

素材下载及重难点回看

素材下载

重难点回看

第二部分　任务工单

任务编号：WPS-1-1	实训任务：计算机配置清单	日期：
姓名：	班级：	学号：

一、任务描述
给新生小李写一张计算机配置清单做参考，以满足新生小李的日常计算机学习需要。

二、【任务样张 1.1】

配件	型号	价格
主板		
CPU		
内存		
硬盘		
显卡		
声卡		
光驱		
显示器		
键盘、鼠标		
合计		

三、任务实施
1. 需求定位
2. 品类筛选
3. 对比性价

四、任务执行评价

序号	考核指标	所占分值	备注	得分
1	任务完成情况	30	在规定时间内完成并按时上交任务单	
2	成果质量	70	按标准完成，或富有创意，进行合理评价	
总分				

指导教师：

日期：　　年　　月　　日

工单素材

扫码下载任务单

任务 1.2 计算机基础操作和汉字录入

第一部分 知识学习

课前引导

通过之前的学习，可以认识到计算机执行用户发出的指令，而指令一般是通过鼠标和键盘的输入计算机。那么如何让计算机执行人们发出的指令呢？

任务描述

小李由于不太熟悉键盘和指法，不仅打字速度很慢，而且还经常录入错误，这严重影响了效率。老师告诉小李，想要提高打字速度，必须用好鼠标和键盘，还要学会"盲打"。

任务目标

（1）掌握计算机的启动与关闭方法；

（2）熟练掌握鼠标的操作；

（3）了解和掌握键盘布局；

（4）熟练掌握指法。

活动 1 计算机的启动与关闭

一台计算机能够正常运行，并在工作、生活中发挥作用，除了具备硬件条件外，还必须安装操作系统。Windows 7 操作系统是目前使用率较高的操作系统，为了保证操作系统的安全，计算机的开启和关闭操作必须遵循一定的顺序，下面对其进行简单介绍。

1. 启动 Windows 7 操作系统

启动 Windows 7 操作系统的实质是启动计算机。计算机启动后，将自动进入 Windows 7 操作系统，并打开 Windows 7 操作系统主界面。如果 Windows 7 操作系统设有登录密码，还需要输入正确的登录密码，Windows 7 操作系统登录界面如图 1-11 所示。

开机顺序如下：

（1）打开要使用的外部设备；

（2）按下计算机电源开关，操作系统开始自检，之后进入 Windows 7 操作系统启动过程；

（3）正常启动后，会看到 Windows 7 操作系统登录界面，选择登录用户，根据屏幕提示输入登录密码即可进入 Windows 7 操作系统桌面。

2. 认识 Windows 7 操作系统桌面

进入 Windows 7 操作系统后，在计算机显示屏上显示的就是 Windows 7 操作系统桌面，如图 1-12 所示。Windows 7 操作系统桌面由桌面背景、桌面图标、任务栏和语言栏组成。

3. 关闭 Windows 7 操作系统

单击桌面左下角的"开始"按钮 ，在打开的"开始"菜单中，单击右下角的"关机"按钮 关机 即可退出 Windows 7 操作系统。退出 Windows 7 操作系统后计算机主机电源将自动关闭，最后按下显示器上的电源开关，关闭显示器的电源，关闭 Windows 7 操作系统。

图 1－11　Windows 7 操作系统登录界面　　　　图 1－12　Windows 7 操作系统桌面

活动2　键盘与鼠标的操作

对于运行 Windows 7 操作系统的计算机来说，鼠标和键盘都是重要的输入设备，通过鼠标操作可执行相应的命令，使操作更方便直观，通过键盘可在计算机中输入相关文本，也可以代替鼠标快速执行一些命令。

1. 鼠标的操作

鼠标是计算机的重要输入设备之一。在 Windows 7 操作系统中，用户可通过屏幕上鼠标指针的不同形状，了解当前操作系统所处的工作状态，并针对不同的鼠标指针形状进行相应的操作。

目前常用的鼠标是三键鼠标，分别为左、右两个按键和中间滚轮。正确地使用鼠标可提高操作速度。

鼠标的基本操作包括定位、单击、双击、拖动、右击和滚动6种。

（1）定位。握住鼠标移动，屏幕上的鼠标指针会同时移动。将鼠标指针移到指定的对象上，此时指向的对象下方会出现提示信息。

（2）单击。将鼠标指针定位到目标对象后，按下鼠标左键并立即释放，被选中的对象呈高亮显示。该操作常用于选择对象。

（3）双击。将鼠标指针定位到目标对象后，连续快速地按两下鼠标左键，随即释放。该操作常用于打开对象。

（4）拖动。将鼠标指针定位目标对象后，按住鼠标左键不放，移动鼠标指针到新位置后再释放鼠标左键。该操作常用于移动对象。

（5）右击。将鼠标指针定位到目标对象后，用中指按下鼠标右键后快速释放。该操作常用于打开目标对象的快捷菜单。

（6）滚动。在浏览网页或长文档时，上下滚动鼠标的滚轮，可向滚轮滚动方向浏览。

2. 键盘的操作

键盘是用来向计算机输入信息的一种输入设备，文字录入通常是通过键盘完成的。

键盘一般包括26 个英文字母键、10 个数字键、12 个功能键（F1～F12）、方向键，以及其他控制键。所有按键分成 5 个区：主键盘区、功能键区、编辑键区、数字键区、状态指示灯区，如图 1－13 所示。

1）主键盘区

主键盘区是键盘的主要使用区域，它是键盘上面积最大的一块区域，主要用于输入文字和符号，该区包括 A～Z 共26 个字母键、数字符号键、标点符号键、控制键等。按下它们可以输入键面上的字符。控制键主要用于辅助执行某些特定的操作。

人们在刚接触计算机时，可能会为这种排列方式烦恼不已，总是找不到键的位置，只有多练习，才能熟练起来。下面介绍一些常用控制键的作用。

（1）制表键（Tab 键）：位于主键盘区左边，用于快速移动光标。在制作表格时，按一下此键，光标移到下一个制表位置（俗称"跳格"），两个跳格位置的间隔默认为 8 个字符的宽度。

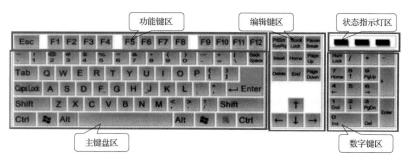

图 1 – 13   键盘的区域划分

（2）大、小写字母锁定键（CapsLock 键）：控制字母的大、小写输入。在默认情况下，按字母键将输入小写字母，按一下此键后，键盘右上方状态指示灯区中间"Caps Lock"指示灯亮，表示此时字母的状态为大写，输入的字母为大写字母；再按一次该键，则"Caps Lock"指示灯灭，表示此时字母的状态为小写，输入的字母为小写字母。

（3）上档键（Shift 键）：用于上档符号的输入以及大、小写字母转换，主键盘区的左、右两边各有一个上档键，其功能相同。例如：要输入"！"号（由于"！"号与数字"1"同在一个键位并位于"1"的上方），应先按住 Shift 键不放，再敲击此键，敲击完毕再松开这两个键。学会了上档键的用法，就可以输入数字符号键和标点符号键上的上档符号了。若先按住上档键，再敲击字母键，则字母的大、小写状态即转换（原为大写状态转为小写状态，或原为小写状态转为大写状态）。

（4）组合控制键（Ctrl 键和 Alt 键）：这两个键配合其他键一起使用才有意义。

（5）空格键（Space 键）：编辑文档时，按一下该键输入一个空格，同时光标右移一个字符。

（6）Win 键：任何时候按下该键都将弹出"开始"菜单。

（7）回车键（Enter 键）：主要用于结束当前的输入行或命令行，或接受某种操作结果。

（8）退格键（Backspace 键）：编辑文档时，按下该键光标向左退一格，并删除原来位置上的对象。

2）功能键区

功能键区位于键盘的最上方，主要用于完成一些特殊的任务和工作。

F1 ~ F12 键：这 12 个功能键在不同的程序中有不同的作用。例如：在大多数程序中，按一下 F1 键可以打开帮助窗口。

Esc 键：该键为取消键，用于放弃当前的操作或退出当前程序。

3）编辑键区

编辑键区的按键主要在编辑文档时使用。例如：按一下向左（←）键光标将左移一个字符；按一下向下（↓）键光标将下移一行；按一下 Delete 键将删除当前光标所在位置后的一个对象，通常为字符。

4）数字键区

数字键区位于键盘的右下角，也叫小键盘区，主要用于快速输入数字。数字键区的 NumLock 键用于控制右下角数字键的切换。当"NumLock"指示灯亮时，表示可输入数字；按一下 NumLock 键"NumLock"指示灯灭，此时只能使用非数字键；再次按下该键可返回数字输入状态。

5）状态指示灯区

状态指示灯区位于键盘的右上角，包含 3 个状态指示灯，从左到右依次是"Num Lock"指示灯、"Caps Lock"指示灯、"Scroll Lock"指示灯，它们用来指示对应键的状态。

3. 键位与指法

在进行键盘录入练习时，要掌握正确的打字姿势，正确的打字姿势是打字的基本功之一。养成良好的打字姿势很重要，如果开始时不注意，养成不良习惯后就很难纠正了。不正确的打字姿势不但容易引起疲劳，也会影响录入的速度和正确率。

1）进行合理的手指分工，认识基准键位（基准键）

基准键位是指键盘上的 A、S、D、F、J、K、L、分号（;）8 个键所在的位置。

基准键位的主要作用是方便按键操作，它们也是手指常驻的位置，其他键位都是根据基准键定位的。键盘各手指的正确放置位置如图 1 – 14 所示。

图 1 – 14　键盘上各手指的正确放置位置

基准键位的主要用于"盲打"时的定位，便于在手指离开键盘后，迅速回到基准键位（将左、右食指分别放在 F 键和 J 键上，其余的手指依次放下）。在使用键盘录入时，对每个手指的击键范围作出了明确的分工。手指分工就是把键盘上的全部字符键合理地分配给 10 个手指，并且规定每个手指敲击哪几个键。左、右手所规定要打的键都分布在相互平行的一组斜线上，如图 1 – 15 所示。

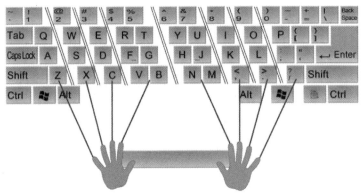

图 1 – 15　每个手指负责的按键范围

2）学会正确的击键方法

学会正确的击键方法应掌握以下几个要领。

（1）手腕要平直，胳膊应尽可能保持不动。

（2）要严格按照手指的键位分工击键，不能随意击键。

（3）击键时以手指指尖垂直于键位使用冲力，并立即反弹，不可用力太大。

（4）左手击键时，右手手指应轻放在基准键位上并保持不动；右手击键时，左手手指应轻放在基准键位上并保持不动。

（5）击键后，手要迅速返回相应的基准键位。

（6）不要长时间按住一个键不放。

素材下载及重难点回看

素材下载

重难点回看

第二部分　任务工单

任务编号：WPS-1-2	实训任务：打字练习	日期：
姓名：	班级：	学号：

一、任务描述

分别使用拼音输入法和五笔字型输入法输入以下汉字

二、【任务样张1.2】

　　生命不仅是一张行走于世间的通行证，它还要闪光。或许你会经历失败，但失败也是一种收获。宽容别人或被人宽容，都是一种幸福。人生的悲哀不在于时间的短暂，而在于少年的无为。我没有突出的理解能力，也没有过人的机智，只是觉察那些稍纵即逝的事物并对其进行精细观察的能力在普通人之上。书籍是全世界的营养品，生活中没有书籍，就好像大地没有阳光；工作中没有书籍，就好像鸟儿没有翅膀。每一本书都好像一级阶梯，我拾级而上，从动物上升为人，我对美好的生活有了明确的概念，并且渴望这种生活能够实现。我读了许多书，觉得自己好像是一个盛满了生命之水的器皿。

三、任务实施

1. 以学生名称新建记事本文件

2. 选择中文输入法

3. 进行汉字输入

四、任务执行评价

序号	考核指标	所占分值	备注	得分
1	任务完成情况	30	在规定时间内完成并按时上交任务单	
2	成果质量	70	按标准完成，或富有创意，进行合理评价	
			总分	

指导教师：

日期：　　　年　　月　　日

工单素材

扫码下载任务单

知识测试与能力训练

一、单项选择题

1. 世界上第一台通用电子数字计算机诞生于（　　）。

A. 美国　　　　　　　B. 英国　　　　　　　C. 德国　　　　　　　D. 日本

2. 世界上第一台通用电子数字计算机诞生于（　　）。

A. 1953 年　　　　　B. 1946 年　　　　　C. 1964 年　　　　　D. 1956 年

3. 第一台通用电子数字计算机是 1946 年在美国研制的，该机名称的英文缩写是（　　）。

A. ENIAC　　　　　　B. EDVAC　　　　　　C. EDSAC　　　　　　D. MARK – Ⅱ

4. 一个完整的微型计算机系统应包括（　　）。

A. 计算机及外部设备　　　　　　　　B. 主机箱、键盘、显示器和打印机

C. 硬件系统和软件系统　　　　　　　D. 系统软件和系统硬件

5. 计算机的 CPU 包括运算器和（　　）两部分。

A. 存储器　　　　　　B. 寄存器　　　　　　C. 控制器　　　　　　D. 译码器

6. 下列设备中，（　　）不是微型计算机的输出设备。

A. 打印机　　　　　　B. 显示器　　　　　　C. 绘图仪　　　　　　D. 扫描仪

7. 下列各项中，不属于多媒体硬件的是（　　）。

A. 光盘驱动器　　　　　　　　　　　B. 视频卡

C. 音频卡　　　　　　　　　　　　　D. 加密卡

8. 计算机中对数据进行加工与处理的部件通常称为（　　）。

A. 运算器　　　　　　B. 控制器　　　　　　C. 显示器　　　　　　D. 存储器

二、简答题

1. 计算机的特点包括哪些?

2. 衡量计算机性能的主要指标有哪些?

项目2

WPS Office 2019基础知识

项目概述

WPS Office 2019 是由金山软件股份有限公司自主研发的一款办公软件套装，可以实现最常用的文字、表格、演示、PDF 阅读等多种功能。WPS Office 2019 具有内存占用率低、运行速度快、云功能多、拥有丰富的云端功能、具有强大的插件平台支持、免费提供海量在线存储空间及文档模板的优点。WPS Office 2019 覆盖 Windows、Linux、Android、iOS 等多个平台，支持桌面和移动办公。

本项目主要介绍 WPS Office 2019 的基本功能、WPS Office 2019 的安装与运行，以及 WPS Office 2019 的工作界面，为熟练掌握 WPS Office 2019 的操作打下基础。

知识目标

➤ 了解 WPS Office 2019 的版本；
➤ 了解 WPS Office 2019 的功能；
➤ 熟悉 WPS Office 2019 的安装与运行；
➤ 认识 WPS Office 2019 的工作界面。

技能目标

➤ 熟悉 WPS Office 2019 的基本功能；
➤ 熟练掌握 WPS Office 2019 的安装与卸载；
➤ 熟悉 WPS Office 2019 的工作界面。

素质目标

➤ 培养学生对文字处理软件的兴趣；
➤ 培养学生的规范操作意识；
➤ 培养学生的高效办公意识；
➤ 培养学生对国产软件的热爱之情，增强民族自豪感。

任务 2.1　WPS Office 2019 的安装、运行和卸载

第一部分　知识学习

课前引导

　　WPS Office 2019 是由北京金山办公软件股份有限公司打造的全新 Office 套件。在融合文档、表格、演示三大基础组件之外，WPS Office 2019 新增了 PDF 组件、协作文档、协作表格、云服务等功能。

任务描述

　　在日常工作中，虽然 Windows 操作系统提供了丰富的应用程序帮助用户完成各种操作，但在安装过程中，Windows 操作系统只安装了常用的应用程序，如需使用其他应用程序，用户需要自己安装相应的软件。下面介绍如何在 Windows 操作系统下安装 WPS Office 2019。

任务目标

　　（1）了解 WPS Office 2019 的安装与卸载；

　　（2）了解 WPS Office 2019 的启动和关闭。

　　通过本任务，掌握在 Windows 操作系统下安装、运行 WPS Office 2019 的方法。

1．安装 WPS Office 2019

　　（1）打开浏览器，在百度搜索框中输入"WPS"，进入金山办公软件官网。

　　（2）单击"立即下载"按钮，选择"Windows 版"选项，弹出下载对话框，选择保存位置后单击"下载"按钮，如图 2-1 所示。

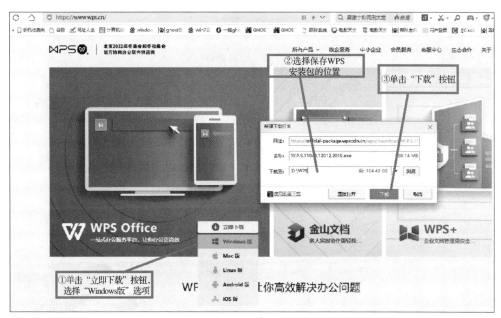

图 2-1　下载安装包界面

（3）打开"D:\WPS"文件夹，双击 WPS Office 2019 安装图标，进入安装界面，如图 2 – 2 所示，勾选"已阅读并同意金山办公软件许可协议和隐私政策"复选框，并选择安装文件夹，单击"立即安装"按钮，等待安装进度条完成即可。

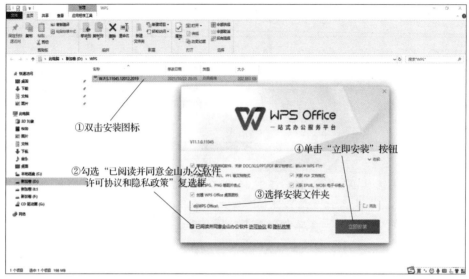

图 2 – 2　安装界面

2. 运行 WPS Office 2019

（1）双击桌面上的快捷图标，如图 2 – 3 所示，启动 WPS Office 2019，进入主界面，如图 2 – 4 所示。

图 2 – 3　快捷图标

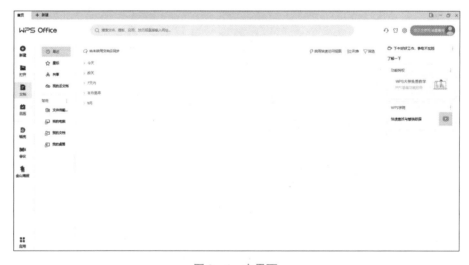

图 2 – 4　主界面

3. 卸载 WPS Office 2019

（1）单击 Windows 桌面左下角的"开始"按钮，选择"Windows 系统"→"控制面板"选项，如图 2-5 所示。

（2）打开"控制面板"窗口，单击"程序"下的"卸载程序"链接，如图 2-6 所示。

图 2-5　"控制面板"选项

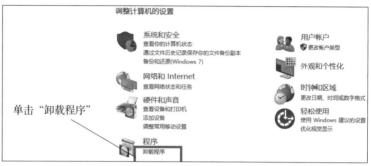

图 2-6　"控制面板"窗口

（3）打开"程序和功能"窗口，在程序列表中右击"WPS Office"选项，在弹出的快捷菜单中选择"卸载"命令。

素材下载及重难点回看

素材下载

重难点回看

第二部分　任务工单

任务编号：WPS－2－1	实训任务：安装 WPS Office 2019	日期：
姓名：	班级：	学号：

一、任务描述
在金山办公软件官网下载 WPS Office 2019 并安装。

二、【任务样张 2.1】
根据图 2－1～图 2－4 进行操作。

三、任务实施
1. 利用搜索引擎搜索金山办公软件官网，或在地址栏中输入"www.wps.cn"进入金山办公软件官网。

2. 选择 Windows 版并下载。

3. 将 WPS Office 2019 安装在 D 盘中。

四、任务执行评价

序号	考核指标	所占分值	备注	得分
1	任务完成情况	30	在规定时间内完成并按时上交任务单	
2	成果质量	70	按标准完成，或富有创意，进行合理评价	
总分				

指导教师：

日期：　　年　　月　　日

工单素材　　　　　　扫码下载任务单

任务 2.2　WPS Office 2019 简介

第一部分　知识学习

课前引导

WPS Office 在推出的时候得到了不少用户的好评，它终于打破了微软 Office 的垄断，让国内用户用上国产的办公组合工具。2018 年 7 月 3 日，北京金山办公软件股份有限公司正式发布了 WPS Office 2019，下面对它进行简要介绍。

任务描述

在日常学习、生活和工作中，经常需要处理各种文件资料。文档一般要求内容清晰、格式规范，这就需要用 WPS Office 来实现。了解软件的功能特点能更好地熟悉软件的操作。

任务目标

（1）了解 WPS Office 2019 的版本；

（2）了解 WPS Office 2019 的功能特色。

活动 1　WPS Office 2019 的版本和功能特色

WPS Office 2019 是由北京金山办公软件股份有限公司自主研发的一款办公软件，可以实现常用的文字、表格、演示、PDF 阅读等多种功能。一次单向操作以及一个账号就可以让用户操作其所需操作的所有文档、PPT 等内容。"云、多屏、内容、AI"是能够让用户高效办公的"四大件"。WPS Office 2019 的文档操作入口多元化，可实现多人实时讨论、共同编辑、分享，做到云端协作 Office 与传统 Office 无缝衔接。

1. WPS Office 2019 版本介绍

WPS Office 2019 在融合文档、表格、演示三大基础组件之外，新增了 PDF 组件、协作文档、协作表格、云服务等功能。WPS Office 2019 分别为以下几个版本。

1）个人版

WPS Office 2019 个人版 是一款对个人用户永久免费的办公软件产品，其将办公与互联网结合，多种界面可随意切换，还提供了大量精美模板、在线图片素材、在线字体等资源，帮助用户轻松打造优秀文档。

2）校园版

WPS Office 2019 校园版是由北京金山办公软件股份有限公司专为师生打造的全新 Office 套件。

3）专业版

WPS Office 2019 专业版是针对企业用户提供的办公软件产品，它具有强大的系统集成能力，如今已经与超过 240 家系统开发厂商建立合作关系，实现了与主流中间件、应用系统的无缝集成，可完成企业中应用系统的零成本迁移。

4）租赁版

WPS Office 2019 租赁版是北京金山办公软件股份有限公司面向中、小型企业推出的一款按年收费的企业级协作办公软件产品，其包含 4 个版本：轻办公版本、印象笔记版本、imo 版本和搜狐云存储版本。

5）移动版

WPS Office 2019 移动版是运行于 Android、iOS 平台上的办公软件产品，其个人版永久免费，特有的文档漫游功能让用户即使离开计算机也可以正常办公。

2．WPS Office 2019 的功能特色

1）云文档，云服务

只需一个 WPS 账号，用户即可以实现多终端、跨平台的无缝对接，所有数据全平台同步，能够轻松地与同事、朋友协同办公，还可以通过微信、QQ 等社交平台一键分享分档，让工作和生活更简单。

（1）团队：WPS 云文档支持团队创建，可以按照班级或自定义创建团队，方便课件、作业、资料的存储、共享、管理以及成员操作权限控制。

（2）协作：支持表格、文字、演示组件的多人多端实时协作，可以便捷地进行文件的分发、流转、回收、统计与汇总。

（3）安全：支持云端备份、文档加密、历史版本追溯，可以安全地创作云文档。

2）智能 AI 工具

（1）PDF 转换工具集：支持 PDF 与 Word、Excel、PPT 之间的格式互转，支持将各种格式的文档输出为图片。

（2）OCR：应用文字识别技术抓取文档内容并整理形成新文档。

（3）PPT：能够一键美化，自动识别文档结构，快速匹配模板。

（4）文档翻译：支持多国语言划词取词。

（5）智能校对：通过大数据智能识别和更正文章中的字词错误。

3）校园工具

（1）论文查重：进行多平台选择，计算重复率，定位到重复段落，提供参考性替换内容。

（2）简历助手：多平台选择简历模板库，一次填写，一键投递。

（3）答辩助手：提供答辩框架与模板。

（4）会议功能：远程课堂演示支持多人多端多屏同步播放，可以随时随地学习、讨论、分享。

（5）手机遥控：手机智能控制演讲。

（6）演讲实录：记录课堂讲演的每一分钟，进行课程整理、分享与传播。

4）绘图工具

（1）思维导图：具有多种结构、多样板式。

（2）几何图、LaTeX 公式图：能够满足学科计算机制图需求。

5）全面兼容，支持 PDF

全面兼容微软 Office 格式，新增 PDF 组建支持。

6）素材库和知识库

（1）素材库：模板、字体、动画、图表、图片、图标……，资源持续更新。

（2）知识库：考试辅导、个人提升、职场技能、商业管理……，名师课程持续更新。

活动 2　WPS Office 2019 工作界面简介

1．工作界面

WPS Office 2019 启动后，其工作界面如图 2 - 7 所示。

1）主菜单

主菜单集成了一些常用功能按钮，包括"新建""打开""文档""会议""应用"等按钮。

图 2 – 7　WPS Office 2019 工作界面

2）快捷菜单

快捷菜单用于选择最近使用过的文档和云文档。

3）显示区域

显示区域用于显示快捷菜单中选择的对象。

4）账号登录及设置工具

账号登录及设置工具用于登录和切换账号，设置中心用于设置工作界面和工作环境，登录后才可以使用云功能。

2. "新建" 菜单

"新建" 菜单用于新建各种类型的文档。"新建" 菜单下的工作界面如图 2 – 8 所示。

图 2 – 8　"新建" 菜单下的工作界面

素材下载及重难点回看

素材下载　　　　　　　　　　　　重难点回看

第二部分　任务工单

任务编号：WPS－2－2	实训任务：熟悉 WPS Office 2019 的工作界面	日期：
姓名：	班级：	学号：

一、任务描述

打开 WPS Office 2019 的工作界面，尝试在工作区中编辑【任务样张2.2】中的文本，交流操作心得。

二、【任务样张 2.2】

刘胡兰，原名刘富兰，1932 年 10 月 8 日出生于山西省文水县的一个中农家庭。刘胡兰 8 岁上村小学，10 岁参加儿童团。1945 年 10 月，刘胡兰参加了中国共产党文水县委举办的"妇女干部训练班"，学习了一个多月，回村后她担任了村妇女救国会秘书。1946 年 5 月，刘胡兰调任第五区"抗联"妇女干事；6 月，刘胡兰被吸收为中国共产党预备党员，并被调回云周西村领导当地的土改运动。1946 年秋，国民党军大举进攻解放区，文水县委决定留少数武工队坚持斗争，大批干部转移上山。当时，刘胡兰也接到转移通知，但她主动要求留下来坚持斗争。这位年仅 14 岁的女共产党员，在已成为敌区的家乡往来奔走，秘密发动群众，配合武工队打击敌人。

三、任务实施

1. 熟悉 WPS Office 2019 的启动和关闭。

2. 了解 WPS 云文档如何开启。

3. 尝试新建一个 WPS 文档并编辑文字，交流操作心得。

四、任务执行评价

序号	考核指标	所占分值	备注	得分
1	任务完成情况	30	在规定时间内完成并按时上交任务单	
2	成果质量	70	按标准完成，或富有创意，进行合理评价	
总分				

指导教师：

日期：　　年　　月　　日

工单素材

扫码下载任务单

知识测试与能力训练

一、单项选择题

1. WPS 首页的共享列表中，不包含的内容为（　　　）。

A. 其他人通过 WPS 共享给我的文件夹

B. 在操作系统中设置为"共享"属性的文件夹

C. 其他人通过 WPS 共享给我的文件

D. 我通过 WPS 共享给其他人的文件

2. WPS 首页的最近列表中，包含的内容是（　　　）。

A. 最近打开过的文档　　　　　　　　B. 最近访问过的文件夹

C. 最近浏览过的网页　　　　　　　　D. 最近联系过的同事

3. 要在多个设备间同步最近打开过的文件，正确的操作方法是（　　　）。

A. 开启"文档云同步"选项　　　　　B. 使用"历史版本"功能

C. 使用"分享"功能　　　　　　　　D. 设置"同步文件夹"

4. 下列哪个菜单不属于 WPS 首页菜单？（　　　）

A. "新建"　　　　B. "打开"　　　　C. "文档"　　　　D. "文件"

5. 打开一个 WPS 文档，通常指的是（　　　）。

A. 把文档的内容 从内存中读入，并显示出来

B. 把文档的内容从磁盘调入内存，并显示出来

C. 为指定文件开设一个空的文档窗口

D. 显示并打印指定文档的内容

6. 在 WPS 文档中，与打印预览基本相同的视图方式是（　　　）。

A. 普通视图　　　　B. 大纲视图　　　　C. 页面视图　　　　D. 全屏显示

二、简答题

1. WPS Office 2019 的版本主要有哪些？

2. 简述 WPS Office 2019 的功能特色。

第二部分　　WPS文字

项目3
WPS文字中文档的创建与编辑

项目概述

WPS Office 2019 是由北京金山办公软件股份有限公司自主研发的一款办公软件套装。WPS 文字是一款强大的文字处理软件，使用该软件可以轻松完成日常生活与工作中对文档的编辑和排版。熟练掌握 WPS 文字的操作，有助于提升个人的办公能力，提升工作效率。

本项目通过制作和编辑《红色家书——赵一曼烈士》文档，介绍 WPS 文字中文档的创建与保存、输入与编辑文本内容和设置文本格式以及添加项目符号和编号等方面的知识与技巧，同时讲解如何设置段落格式和快速选择文本。

通过本项目的学习，读者可以掌握使用 WPS 文字创建和编辑文档的知识，为深入学习 WPS 文字的知识奠定基础。

知识目标

➢ 创建与保存文档；
➢ 输入文档内容；
➢ 编辑文档内容；
➢ 制作《红色家书——赵一曼烈士》文档。

技能目标

➢ 会制作简单的文档；
➢ 能对文档内容进行编辑和修改；
➢ 能完成文档格式的基本编排。

素质目标

➢ 培养学生不断学习新知识、接受新事物的创新能力；
➢ 培养学生正确的思维方法和工作方法；
➢ 培养学生发现问题、解决问题的可持续发展能力；
➢ 引导学生追溯红色记忆，弘扬革命精神；
➢ 培养学生成为有信念、有梦想、守公德、守诚信的社会主义事业接班人。

任务 3.1 制作《红色家书——赵一曼烈士》文档

第一部分 知识学习

> **课前引导**
>
> 在生活中，有很多值得记忆的文字，我们需要将这些文字记录下来。如果需要通过计算机保存文档，一般使用什么软件？如何录入？如何编辑？这就是本任务需要了解的内容。

任务描述

在日常工作、学习和生活中，经常会见到各种文档资料。文档一般要求内容清晰、格式规范，这样才能让人了解该文档的信息。本任务要求利用 WPS 文字制作《红色家书——赵一曼烈士》文档。通过这封家书，感触当年，正是千千万万个像赵一曼女士这样的革命烈士，用鲜血和生命换来了今日的和平盛世。

任务目标

(1) 掌握创建新文档的方法；

(2) 掌握输入文本的方法；

(3) 掌握文本内容换行的方法；

(4) 掌握保存和关闭文档的方法。

【样张 3.1】

★ 红 色 家 书 ★
　　　　　　　　—赵一曼烈士
宁儿：
母亲对于你没有能尽到教育的责任，实在是遗憾的事情。
母亲因为坚决地做了反满抗日的斗争，今天已经到了牺牲的前夕了。
母亲和你在生前是永久没有再见的机会了。希望你，宁儿啊！赶快成人，来安慰你地下的母亲！我最亲爱的孩子啊！母亲不用千言万语来教育你，就用实行来教育你。
在你长大成人之后，希望不要忘记你的母亲是为国而牺牲的！

　　　　　　　　　　　　　　　一九三六年八月二日
　　　　　　　　　　　　　　　你的母亲赵一曼于车中

赵一曼简介
赵一曼（1905—1936），女，原名李坤泰，四川宜宾人。
1923 年加入社会主义青年团。1926 年加入中国共产党。在上海、江西等地做秘密工作。
1927 年秋，受党派遣去苏联中山大学学习。
1928 年冬回国。1931 年"九·一八"事变后，党派她到东北工作。曾任哈尔滨总工会代理书记、珠河中心县委特派员和铁道北区区委书记等职。
1935 年任东北人民革命军第三军二团政委。
同年 11 月在与日军作战中负伤，不幸被捕。
翌年 8 月 2 日英勇就义，时年 31 岁。

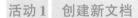

活动 1　创建新文档

新建空白文档

Step 1：启动 WPS Office 2019。　双击桌面上的"WPS Office"快捷图标 ![wps icon] 或单击"开始"菜单中选择"所有程序"→"WPS Office"→"WPS Office"命令来启动 WPS Office 2019。

Step 2：新建空白文档。　WPS Office 2019 启动后，在主界面中单击"新建"按钮进入"新建"页面，如图 3-1 所示。在窗口上方选择要新建的程序类型"新建文字"，如图 3-2 所示，选择后单击下方的"+"按钮即可。

图 3-1　"新建"页面

图 3-2　新建文字

活动 2　输入文本

创建一个空白文档后，接下来输入文本内容，在文档编辑区中会看到形如"｜"的闪烁图标，叫作光标插入点，光标插入点所在的位置即文本输入的位置。要在某个位置输入文本，必须先将光标定位于相应位置，这也叫作光标定位。

1. 光标定位

光标定位有 4 种常用方法。

（1）单击段落中的位置来定位光标；

（2）通过"上""下""左""右"键来定位光标在段落中的位置；

（3）通过 Enter 键进行换行操作来定位光标位置；

（4）通过快速定位操作来定位光标位置，见表 3-1。

表 3-1　快速移动光标组合键

组合键	功能	组合键	功能
Home	将光标移到行首	Ctrl + Home	将光标移到文档开头
End	将光标移到行尾	Ctrl + End	将光标移到文档末尾
PgUp（Page Up）	向上翻页	PgDn（Page Down）	向下翻页

2. 录入文本

切换输入法：确定插入点之后，按"Ctrl + Shift"组合键，切换合适的输入法，然后输入相应的文本内容即可。

自动换行：当输入的文字到达一行末尾后，光标插入点会自动转到下一行行首。

硬回车：当一个段落输入结束时，按 Enter 键结束当前段落，末尾显示段落标记"↵"。光标换行，开始新的段落输入。

软回车：按"Shift + Enter"组合键，表示换行不分段。

在输入过程中，如果出现输入错误，可以按 BackSpace 键来删除光标前的字符，或在选中要删除的内容后按 Delete 键来删除。

3. 插入特殊符号

除了输入普通的文字、数字外，经常会遇到一些无法从键盘直接输入的特殊符号，例如"※""€""★"等，WPS 文档提供了插入符号命令。下面以输入符号"★"为例进行介绍。

Step 1：执行插入命令。①选择"插入"选项卡；②单击"符号"下拉按钮；③在弹出的下拉列表中选择"其他符号"命令，如图 3 - 3 所示。

Step 2：选择符号。①弹出"符号"对话框，在"字体"下拉列表中选择符号类型，这里选择"Wingdings"选项；②在下面的符号列表中找到并选择要插入的符号；③单击"插入"按钮，如图 3 - 4 所示。

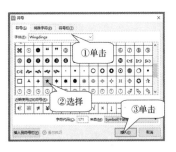

图 3 - 3　插入特殊符号　　　　图 3 - 4　"符号"对话框

4. 输入时间与日期

在通知、报告、申请等文档中，通常需要在文档结尾处输入当前日期，除了可以手动输入外，还可以使用文档自带的日期插入功能进行快速输入，操作方法如下。

Step 1：单击"插入"面板。①单击"插入"按钮切换到"插入"选项卡；②单击"日期"按钮，如图 3 - 5 所示。

Step 2：选择日期。①弹出"日期和时间"对话框，在"可用格式"列表框中选择日期格式；②单击"确定"按钮，如图 3 - 6 所示。

图 3 - 5　插入日期　　　　图 3 - 6　"日期和时间"对话框

提示：

在 "日期和时间" 对话框中，勾选 "自动更新" 复选框，即可在每次打开该文档时将时间和日期更新为当前的时间和日期；如果勾选 "使用全角字符" 复选框，输入的时间和日期即全角字符。

活动 3　保存和关闭文档

1. 保存文档

在文档编辑过程中或编辑完成后，需要及时进行保存，降低意外导致数据丢失的风险，新建文档的保存方法如下。

Step 1：单击 "保存" 按钮。　在当前文档中单击窗口左上角的 "保存" 按钮，如图 3 – 7 所示。

图 3 – 7　"保存" 按钮

Step 2：设置 "保存" 选项。

①弹出 "另存文件" 对话框，在 "位置" 下拉框中设置文件位置。

②在 "文件名" 文本框中输入要保存的文件名。

③选择文件类型（"＊.wps"）。

④单击 "保存" 按钮，如图 3 – 8 所示。

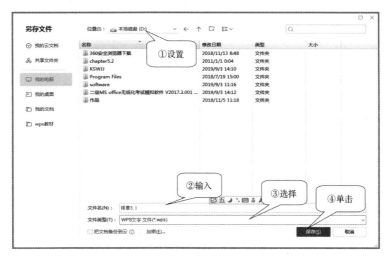

图 3 – 8　"另存文件" 对话框

2. 打开和关闭文档

用户可以打开查看或编辑保存于计算机中的文档，同样用户也可以将不需要的文档关闭。下面介绍打开和关闭文档的步骤。

图 3 – 9　"打开"选项

Step 1：打开文件。　打开 WPS 文字，选择"打开"选项，如图 3 – 9 所示。

Step 2：打开"打开文件"对话框。　弹出"打开文件"对话框，选择文件所在位置，选择文件，单击"打开"按钮，如图 3 – 10 所示。

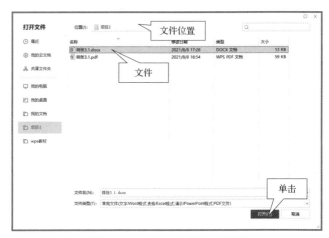

图 3 – 10　"打开文件"对话框

Step 3：关闭文档。

关闭不需要的文档，只需单击当前文档名称右侧的"关闭"按钮×，如图 3 – 11 所示。

图 3 – 11　关闭文档

素材下载及重难点回看

素材下载

重难点回看

第二部分　任务工单

任务编号：WPS－3－1	实训任务：制作通知文档	日期：
姓名：	班级：	学号：

一、任务描述

录入通知文档的内容，并保存为"D：\wps\通知．docx"，完成后效果如【任务样张 3.1】所示。

二、【任务样张 3.1】

关于组织开展"百年华诞·同心同行"学生征文活动的通知

各教学单位：

2021 年是中国共产党成立 100 周年，为庆祝中国共产党百年华诞，学校决定开展庆祝中国共产党成立 100 周年"百年华诞·同心同行"主题征文活动。现将有关事宜通知如下。

征文对象

全校学生

征文时间

通知下发之日至 2021 年 5 月 31 日，逾期不予受理。

征文要求

以"庆祝建党 100 周年 永远跟党走"为主题，有较强的创新性、现实性，反映时代风尚、时代精神。

题目自拟，角度自选，题材不限，要求原创且未公开发表过，严禁抄袭，字数以 3 000 字左右为宜。

应遵循规范格式，有标题、摘要、关键词、正文、注释、参考文献和作者信息等。格式为电子版，页面设置为 A4；正标题为二号华文中宋加粗并居中，副标题为三号楷体，一级标题为三号黑体，二级标题为三号楷体加粗，正文为三号仿宋；字符间距为标准；行距为固定值 28 磅。

活动组织及奖励办法

活动一、二、三等奖分别设总参赛作品的 10%、25%、35%，设优秀奖若干名，另设优秀组织奖 3 名。

各分院征文作品汇总表（见附件）发送至宣传部指定邮箱：181212333@qq.com；联系人：小王

校宣传部

2021 年 4 月 16 日

三、任务实施

1. 新建文档。

续表

任务编号：WPS – 3 – 1	实训任务：制作通知文档	口期：
姓名：	班级：	学号：

2. 录入文本。

3. 保存文档。

四、任务执行评价

序号	考核指标	所占分值	备注	得分
1	任务完成情况	30	在规定时间内完成并按时上交任务单	
2	成果质量	70	按标准完成，或富有创意，进行合理评价	
总分				

指导教师：

日期： 年 月 日

工单素材   扫码下载任务单

任务 3.2　编辑《红色家书——赵一曼烈士》文档

第一部分　知识学习

课前引导

　　通过任务 3.1 的学习可以发现，若文档没有经过编辑，内容会显得杂乱，不能一目了然。通过本任务的学习，解决这个问题，让文档内容清晰、格式规范，以便让人能够准确地了解文档所传递的信息。

任务描述

　　任务 3.1 在制作《红色家书——赵一曼烈士》文档时，只录入了内容，在本任务中对文档进行编辑，更好地表达赵一曼女士作为母亲对孩子的愧疚和依依不舍之情。

任务目标

（1）使用鼠标、键盘选择文本；
（2）复制、移动文本；
（3）设置文本格式；
（4）设置对齐方式；
（5）设置段落格式；
（6）添加项目符号和编号。

【样张 3.2】

★ 红色家书 ★
—— 赵一曼烈士

宁儿：

　　母亲对于你没有能尽到教育的责任，实在是遗憾的事情。

　　母亲因为坚决地做了反满抗日的斗争，今天已经到了牺牲的前夕了。

　　母亲和你在生前是永久没有再见的机会了。希望你，宁儿啊！赶快成人，来安慰你地下的母亲！我最亲爱的孩子啊！母亲不用千言万语来教育你，就用实行来教育你。

　　在你长大成人之后，希望不要忘记你的母亲是为国而牺牲的！

一九三六年八月二日
你的母亲赵一曼于车中

赵一曼简介

赵一曼（1905—1936），女，原名李坤泰，四川宜宾人。
　◆ 1923 年加入社会主义青年团。1926 年加入中国共产党。在上海、江西等地做秘密工作。
　◆ 1927 年秋，受党派遣去苏联中山大学学习。
　◆ 1928 年冬回国。1931 年"九·一八"事变后，党派她到东北工作。曾任哈尔滨总工会代理书记、珠河中心县委特派员和铁道北区委书记等职。
　◆ 1935 年任东北人民革命军第三军二团政委。
　◆ 同年 11 月在与日军作战中负伤，不幸被捕。
　◆ 翌年 8 月 2 日英勇就义，时年 31 岁。

活动1 选择文本

"先选择对象，再选择命令"，这是文档编辑、排版的基本思路。

通常可以利用鼠标和键盘来选择文本，文本被选中后，将以黑底白字展示。具体操作见表 3 – 2。

表 3 – 2　选择文本操作

选择方法	选择范围	操作方法
鼠标	选择一行	定位行首左侧空白处，当鼠标指针变为 ⟋ 形状时，单击鼠标左键
	选择连续文本	定位，按住鼠标左键可手动选择连续文本
	选择一个段落	在段落中连续单击 3 次
	选择整个文档	定位文档左侧空白处，当鼠标指针变为 ⟋ 形状时，单击 3 次
键盘	选择整个文档	按 "Ctrl + A" 组合键
鼠标 + 键盘	选择连续文本	先定位光标的开始位置，然后按住 Shift 键，在想选择的文字末端单击
	选择不连续文本	选择第一处需要选择的文本后，按住 Ctrl 键不放，同时使用拖动鼠标的方式依次选择文本
	选择矩形区域	将插入点光标放置到文本的起始位置，按住 Alt 键拖动鼠标

活动2 复制、移动和删除文本

在编辑文档的过程中，经常会遇到需要重复输入内容，或者将某个词语或段落移动到其他位置的情况，此时通过复制、移动和删除操作可以大大提高文档的编辑效率。其具体操作方法见表 3 – 3。

表 3 – 3　复制、移动和删除文本操作

功能	操作方法
复制文本	方法一：选择文本，切换到"开始"选项卡，单击"复制"按钮，定位目标位置，单击"粘贴"按钮； 方法二：选择文本，按"Ctrl + C"组合键复制，在目标位置按"Ctrl + V"组合键粘贴； 方法三：选择文本，按住 Ctrl 键不放，拖动文本到目标位置； 方法四：选择文本，右击选择"复制"命令，右击目标位置选择"粘贴"命令
移动文本	方法一：选择文本，切换到"开始"选项卡，单击"剪切"按钮，定位目标位置，单击"粘贴"按钮； 方法二：选择文本，按"Ctrl + X"组合键复制，在目标位置按"Ctrl + V"组合键粘贴； 方法三：选择文本，拖动文本到目标位置； 方法四：选择文本，右击选择"剪切"命令，右击目标位置选择"粘贴"命令
删除文本	选择文本，按 Delete/Backspace 键

提示：

　　对文本进行复制或剪切操作后，如果使用常规的粘贴方式，会将原文本的相关格式一同进行粘贴，包括字体、字号、颜色以及段落样式等，如果用户不需要连同这些格式一起进行粘贴，可使用无格式粘贴功能。其操作如下：

　　执行复制或剪切操作后，单击"粘贴"下拉按钮，在弹出的下拉列表中选择"只粘贴文本"命令。

活动3　查找与替换

　　如果需要在长文档中快速查看某项内容，可输入内容中所包含的一个词组或一句，进行快速查找。如果长文档中出现多处错误，且错误是相同的文字，可使用替换功能进行修改。

1. 查找文本

　　若要查找某文本在文档中出现的位置，或要对某个特定的对象进行修改操作，可通过查找功能将其找到，操作方法如下。

Step 1：执行查找命令。　在"开始"选项卡中单击"查找替换"按钮，如图3-12所示。

Step2：输入查找内容。　①弹出"查找和替换"对话框，在"查找"选项卡的"查找内容"文本框中输入内容；②查找下一处查找的文本，如图3-13所示。

图3-12　"查找替换"按钮

图3-13　"查找和替换"对话框

提示：

　　查找到对应的结果后，会自动跳转到结果所在的页面，并选中相应的文本，如果要继续查找，则继续单击"查找下一处"按钮。

2. 替换文本

　　如果发现文档中有多处相同文本需要更改，可通过替换功能进行统一替换，操作方法如下。

Step 1：执行替换命令。　①在"开始"选项卡中单击"查找替换"按钮；②选择"替换"命令，如图3-14所示。

Step 2：输入替换内容。　①弹出"查找和替换"对话框，在"替换"选项卡的"查找内容"文本框中输入要替换的内容；②在"替换为"文本框中输入替换后的内容；③单击"全部替换"按钮，如图3-15所示。

图 3-14 "替换"命令　　　　图 3-15 "查找和替换"对话框

Step 3：替换完成结果。 弹出提示对话框显示替换结果，单击"确定"按钮即可。

技巧：使用通配符进行查找和替换
　　WPS 文中的查找和替换功能非常强大，除了正文中介绍的方法外，还可以使用通配符进行模糊查找，如使用星号"＊"通配符可查找字符串，使用问号"？"通配符可查找任意单个字符。

活动4　设置文本格式

　　在文档中输入文本后，为了突出重点、美化文档，可对文本设置字体、字号、字色、加粗、倾斜、下划线和字符间距等格式，从而让千篇一律的文字样式变得丰富多彩。本活动主要介绍设置文本格式的操作。

1. 设置字体、字号、字色

　　输入完文档，默认显示的字体为"宋体"，字号为"五号"，字体颜色为"黑色"，根据文档需要，可以对文本进行字体、字号、字色的设置，这既可以突出重点，也可增强内容的可读性，还可以美化文档。

Step 1：设置字体。 ①选择文本，单击"字体"下拉框；②选择"楷体"选项，如图 3-16 所示。

Step 2：设置字号。 ①选择文本，单击"字号"下拉框；②选择"小四"选项，如图 3-17 所示。

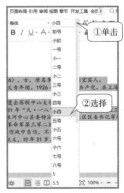

图 3-16 设置字体　　　　图 3-17 设置字号

提示:

(1) 在通常情况下,系统自带的中文字体非常有限,只能满足普通文档的需要,但对于一些设计感较强的文档,如海报、传单、卡片、报纸、杂志等来说,就略显不足了。用户可以下载并安装一些特殊字体。

(2) 对于字号的大小,有两种表达方式。一种是中文表达方式,如"五号""小四"等,最大为"初号"。另一种单位为"磅",以"磅"为单位时,只需直接输入或选择相应的阿拉伯数字即可,数字越大,字越大。

Step 3:设置字色。 ①选择文本,单击"字色"下拉框;②选择"红色"选项,如图 3 – 18 所示。

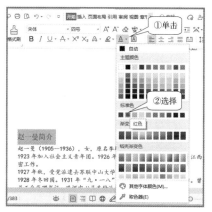

图 3 – 18　设置字色

提示:

在"字体颜色"下拉列表中只显示了部分具有代表性的颜色,如果列表中没有需要的颜色,可以在下拉列表中选择"其他字体颜色"选项,然后在打开的"颜色"对话框中进行选择。

技巧:"字体"对话框

在"字体"对话框中,不仅可以设置字体、字号、字色,还可以设置字形、下划线、着重号等。

2. 字符间距

为了让文档阅读更加轻松,有时还需要设置字符间距,通过调整字符间距可使文字排列得更紧凑或者更松散。字符间距是指文本中两个字符间的距离,包括 3 种类型:"标准""加宽"和"紧缩"。

Step 1:打开"字体"对话框。 ①选择文本,右击;②弹出快捷菜单,选择"字体"选项,如图 3 – 19 所示。

Step 2：设置字符间距。 ①弹出"字体"对话框，切换到"字符间距"选项卡；②在"间距"下拉列表中选择"加宽"选项；③在其后的"值"数值框中输入字符间距值"0.2"，如图3-20所示。

Step 3：完成效果。 完成效果如图3-21所示。

图3-19 选择"字体"选项

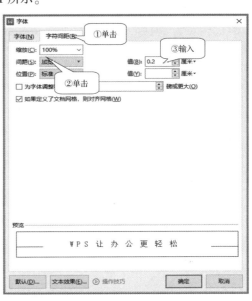

图3-20 "字符间距"选项卡

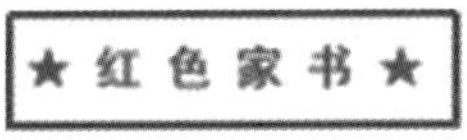

★ 红 色 家 书 ★

图3-21 完成效果

活动5 设置段落格式

对文档进行排版时，通常以段落为基本单位进行操作。段落指的是按两次Enter键之间的文本内容，可以具有自身的格式特征。段落格式设置是指以段落为单位的格式设置。设置段落格式主要是设置段落的对齐方式、段落缩进以及段落间距和行距等，合理设置段落格式可使文档结构清晰、层次分明。

1. 设置段落的对齐方式

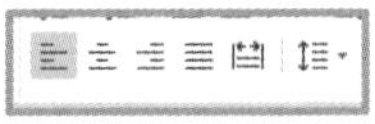

段落的对齐方式共有5种，分别为左对齐、居中对齐、右对齐、两端对齐和分散对齐。要设置段落的对齐方式，只需将光标定位到需要设置的段落中或选择要设置的段落，然后在"开始"菜单中单击相应的对齐按钮即可完成设置。图3-22所示为5种段落的对齐方式示例。

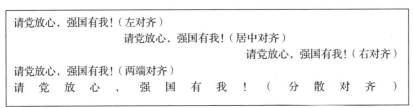

图3-22 5种段落的对齐方式示例

2. 设置段落缩进

设置段落缩进可以使文本变得工整，从而清晰地表现文本层次。段落缩进是指段落与页面边线之间的距离。段落缩进方式包括左缩进、右缩进、首行缩进和悬挂缩进4种，如图3-23所示。

（1）左缩进：指整个段落左边界距离页面左侧的缩进量。

（2）右缩进：指整个段落右边界距离页面右侧的缩进量。

（3）首行缩进：指段落首行第1个字符的起始位置距离页面左侧的缩进量。大多数文档都采用首行缩进方式，缩进量为两个字符。

（4）悬挂缩进：指段落中除首行以外的其他行距离页面左侧的缩进量。悬挂缩进方式一般用于一些较特殊的文本，如杂志、报刊的文本等。

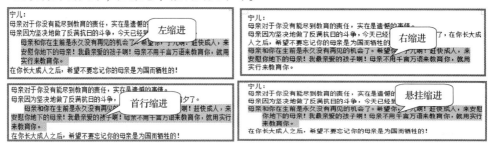

图 3-23　4 种段落缩进方式

设置段落缩进方式，可在"段落"对话框中实现，方法为：选择要设置的段落，右击，在弹出的快捷菜单中选择"段落"选项，打开"段落"对话框，在"缩进和间距"选项卡的"缩进"区域进行设置，其中"文本之前"代表左缩进，"文本之后"代表右缩进；在"特殊格式"下拉列表中可以选择"首行缩进"或"悬挂缩进"选项，如图3-24所示。

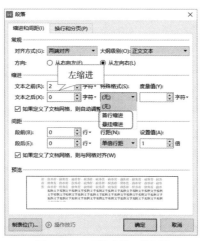

图 3-24　"段落"对话框

3. 设置段落的行间距

合理设置行距，段落前、后间距，可以使文档一目了然。在段落中，段落间距是指段落与段落之间的距离，行距是指行与行之间的距离。

Step 1：选择"段落"菜单。　选择文本后右击，在出现的快捷菜单中选择"段落"选项，如图3-25所示。

Step 2：设置行距。　分别在段前、段后设置1行，在"行距"下拉列表中选择"单倍行距"选项，设置完成后，单击"确定"按钮，如图3-26所示。

图 3-25 选择"段落"选项

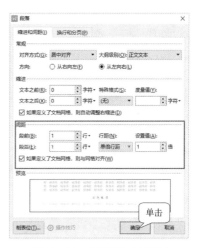

图 3-26 "段落"对话框

Step 3：完成效果。 完成效果如图 3-27 所示。

图 3-27 完成效果

> **提示：**
>
> 打开"段落"对话框，在"缩进和间距"选项卡下的"间距"区域，用户可以设置"段前"和"段后"间距所用的单位，包括"磅""英寸""厘米""毫米""行"以及"自动"6 个单位。

活动 6　添加项目符号和编号

为了更加清晰地显示文本之间的结构与关系，用户可在文档中的各个要点前添加项目符号或编号，以使文档的层次结构更有条理、重点更突出。

1. 添加项目符号

添加项目符号就是在一些段落前添加完全相同的符号。默认的项目符号样式为实心圆点，如果希望使用其他样式的项目符号，可以单击"项目符号"按钮旁的下拉按钮 ≔·，在弹出的下拉列表中进行选择，或选择"自定义项目符号"命令进行设置。

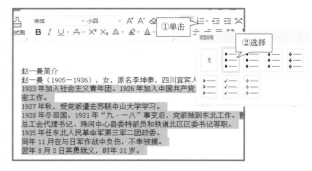

Step 1：选择项目符号。 ①选择文本，单击"项目符号"按钮。②在项目符号中，选择符号，如图 3-28 所示。

图 3-28 选择项目符号

Step 2：完成效果。　完成效果如图 3－29 所示。

> 赵一曼简介
> 赵一曼（1905—1936），女，原名李坤泰，四川宜宾人。
> ● 1923 年加入社会主义青年团。1926 年加入中国共产党。在上海、江西等地做秘密工作。
> ● 1927 年秋，受党派遣去苏联中山大学学习。
> ● 1928 年冬回国。1931 年"九·一八"事变后，党派她到东北工作。曾任哈尔滨总工会代理书记、珠河中心县委特派员和铁道北区区委书记等职。
> ● 1935 年任东北人民革命军第三军二团政委。
> ● 同年 11 月在与日军作战中负伤，不幸被捕。
> ● 翌年 8 月 2 日英勇就义，时年 31 岁。

图 3－29　完成效果

> **提示：**
>
> 　　在含有项目符号的段落中，按 Enter 键新建段落时，会在下一段自动添加相同样式的项目符号，此时若直接按 Backspace 键，或再次单击"项目符号"按钮，可取消自动添加项目符号。

2. 添加自定义项目符号

如果需要的项目符号不在项目符号库中，可通过自定义方式进行添加。

Step 1：打开自定义项目符号列表。　选择文本，单击"项目符号"按钮右侧的三角形按钮 ，在弹出的下拉列表中选择"自定义项目符号"选项，单击"自定义"→"字符"按钮，如图 3－30 所示。

Step 2：打开"符号"对话框。　在"符号"对话框中，选择需要的符号，单击"确定"按钮，如图 3－31 所示。

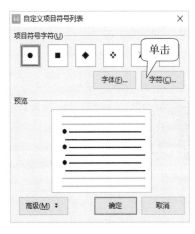

图 3－30　自定义项目符号列表

图 3－31　"符号"对话框

3. 添加编号

在默认情况下，在以"1.""一、"或"A."等编号开始的段落中，按 Enter 键新建段落时，会自动产生连续的编号。若要对已经输入的段落添加编号，可通过"开始"选项卡中的"编号"按钮实现，方法为：选择需要添加编号的段落，在"开始"选项卡中单击"编号"按钮 。

Step 1：选择编号样式。 ①选择文本，单击"编号"按钮，打开"编号"下拉框；②选择编号样式，如图 3 – 32 所示。

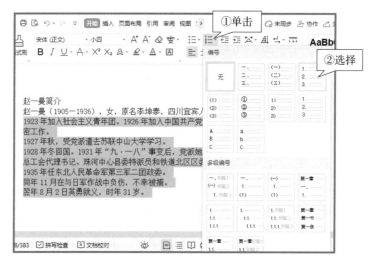

图 3 – 32　选择编号样式

Step 2：完成效果。 完成效果如图 3 – 33 所示。

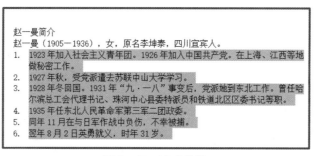

图 3 – 33　完成效果

素材下载及重难点回看

素材下载

重难点回看

第二部分　任务工单

任务编号：WPS－3－2	实训任务：编辑通知文档		日期：
姓名：	班级：		学号：

一、任务描述

编辑通知文档，并保存为"D:\wps\通知1.wps"，完成后效果如【任务样张3.2】所示。

二、【任务样张3.2】

关于组织开展"百年华诞·同心同行"学生征文活动的通知

各教学单位：

2021年是中国共产党成立100周年，为庆祝中国共产党百年华诞，学校决定开展庆祝中国共产党成立100周年"百年华诞·同心同行"主题征文活动。现将有关事宜通知如下。

一、征文对象

全校学生。

二、征文时间

通知下发之日至2021年5月31日，逾期不予受理。

三、征文要求

（一）以"庆祝建党100周年　永远跟党走"为主题，有较强的创新性、现实性，反映时代风尚、时代精神。

（二）题目自拟，角度自选，题材不限，要求原创且未公开发表过，严禁抄袭，字数以3 000字左右为宜。

（三）应遵循规范格式，有标题、摘要、关键词、正文、注释、参考文献和作者信息等。格式为电子版，页面设置为A4；正标题为二号华文中宋加粗并居中，副标题为三号楷体，一级标题为三号黑体，二级标题为三号楷体加粗，正文为三号仿宋；字符间距为标准；行距为固定值28磅。

四、活动组织及奖励办法

（1）活动一、二、三等奖分别设总参赛作品的10%、25%、35%，设优秀奖若干名，另设优秀组织奖3名。

（2）各分院征文作品汇总表（见附件）发送至宣传部指定邮箱：181212333@qq.com；联系人：小王。

校宣传部

2021年4月16日

三、任务实施

1. 查找与替换：利用替换命令，删除无内容空白段落。

任务编号：WPS-3-2	实训任务：编辑通知文档	日期：
姓名：	班级：	学号：

2. 标题：黑体、三号、加粗、居中对齐、段前 1 行、段后 0.5 行、单倍行距。

3. 正文：仿宋、小四，除最后二行外，左对齐、首行缩进 2 字符、单倍行距，段后 0.5 行。

4. 最后二行，黑体、小四、右对齐、1.5 倍行距、段后 0.5 行。

5. 正文小标题：黑体、四号，加编号"一、二、三"。

6. 为"三"小标题下的段落添加编号"（一）""（二）""（三）"。

7. 为"四"小标题的段落添加编号"（1）""（2）""（3）"。

8. 给第十二段文本加粗，设置为红色。

9. 保存文档。

四、任务执行评价

序号	考核指标	所占分值	备注	得分
1	任务完成情况	30	在规定时间内完成并按时上交任务单	
2	成果质量	70	按标准完成，或富有创意，进行合理评价	
总分				

指导教师：

日期：　　年　　月　　日

工单素材

扫码下载任务单

知识测试与能力训练

一、单项选择题

1. 以下对齐方式中，不是段落对齐方式的是（　　　）。
   A. 左对齐　　　　　　　B. 右对齐　　　　　　　C. 居中对齐　　　　　　D. 上下对齐

2. 要调整段落与段落之间的距离，需要在"段落"对话框中设置（　　　）参数。
   A. 缩进　　　　　　　　B. 间距　　　　　　　　C. 行距　　　　　　　　D. 特殊格式

3. 项目符号的作用是（　　　）。
   A. 突出标题样式　　　　B. 快速生成表格　　　　C. 快速对齐段落　　　　D. 突出并列段落

4. 下列哪种方式不能关闭当前窗口？（　　　）
   A. 单击标题栏上的"关闭"按钮　　　　　　　　B. 选择"文件"菜单中的"退出"命令
   C. 按"Alt + F4"快捷键　　　　　　　　　　　D. 按"Alt + Esc"快捷键

5. 在 WPS 文字中，打开一个文档，通常指的是（　　　）。
   A. 把文档的内容从内存中读入，并显示出来
   B. 把文档的内容从磁盘调入内存，并显示出来
   C. 为指定文件开设一个空的文档窗口
   D. 显示并打印出指定文档的内容

6. 在 WPS 文字中，与打印预览基本相同的视图方式是（　　　）。
   A. 普通视图　　　　　　B. 大纲视图　　　　　　C. 页面视图　　　　　　D. 全屏显示

7. 下列 WPS 文字的文档段落对齐方式中，能使段落中每一行（包括未输满的行）都能保持首尾对齐的是（　　　）。
   A. 左对齐　　　　　　　B. 两端对齐　　　　　　C. 居中对齐　　　　　　D. 分散对齐

8. WPS 首页的最近列表中包含的内容是（　　　）。
   A. 最近打开过的文档　　　　　　　　　　　　　B. 最近访问过的文件夹
   C. 最近浏览过的网页　　　　　　　　　　　　　D. 最近联系过的同事

9. 在 WPS 文字的编辑状态下，若要调整文档左、右边界，比较直接、快捷的方法是（　　　）。
   A. 工具栏　　　　　　　B. 格式栏　　　　　　　C. 菜单　　　　　　　　D. 标尺

10. 在 WPS 文字"开始"选项卡中的"复制"命令的功能是将选定的文本或图形（　　　）。
    A. 复制到剪贴板
    B. 由剪贴板复制到插入点
    C. 复制到文件的插入点位置
    D. 复制到另一个文件的插入点位置

二、简答题

1. 如何将 WPS 文字的文档段落首行缩进 2 字符？

2. 字符间距、段落间距和行距之间的区别是什么？

项目 4

WPS文字中的图文混排

项目概述

在 WPS 文字中，不但可以输入和编排文本内容，还能插入各种对象，本项目主要介绍图片的插入与编辑、艺术字的插入与编辑、形状的插入与编辑、二维码的插入与编辑以及文本框使用方面的知识与技巧，在本项目的最后还针对实际的工作需求讲解了如何插入组织结构图和流程图。通过本项目的学习，读者可以掌握 WPS 文字中图文混排方面的知识，为深入学习 WPS Office 2019 知识奠定基础。

知识目标

➢ 图片的插入与编辑；

➢ 艺术字的插入与编辑；

➢ 形状的插入与编辑；

➢ 文本框的插入与编辑；

➢ 组织结构图的插入与编辑；

➢ 流程图的插入与编辑。

技能目标

➢ 能对文档进行美化；

➢ 能应用 WPS 文字中的图文混排功能制作海报、电子手抄报、宣传单等；

➢ 能掌握图片、文字、流程图的混排方法。

素质目标

➢ 培养学生制作作品的创新能力；

➢ 培养学生对图文混排作品的评价能力和实践操作能力；

➢ 培养学生的分工合作能力和组织能力；

➢ 培养学生精心排版、一丝不苟的匠心精神；

➢ 培养学生成为知党史、感党恩、肯奉献、敢担当的时代新人。

任务 4.1　制作党史学习教育简报

第一部分　知识学习

课前引导

学史明理、学史增信、学史崇德、学史力行，我们应该学党史、感党恩、跟党走，通过制作党史学习教育简报，不仅可以学习部分党史，还可以学会如何使用 WPS 文字中的图片、图形、文本框等制作电子简报。

任务描述

简报是传递某方面信息的简短的内部小报，是具有汇报性、交流性和指导性特点的简短、灵活、快捷的文档形式。为了更好地制作简报，除了编排文本内容外，还需要插入图片、艺术字、文本框等对象，以增强简报的美感。

任务目标

（1）掌握页面布局的方法；

（2）掌握插入和编辑图片、艺术字、文本框、形状的方法；

（3）掌握设置特殊文字格式的方法。

【样张 4.1】

活动1 页面布局

在制作简报前，先要根据简报的性质确定简报的主题色调和整体风格，这样能更吸引读者的注意。

1. 设置页边距

页边距是指文档内容与页面边界之间的距离，该设置决定了文档版心的大小，页边距值越大，文档四周的空白区域就越宽。设置页边距，包括对上、下、左、右边距以及页眉和页脚距页边界距离的设置，使用该功能设置页边距十分精确。

Step 1：选择"自定义页边距"选项。 ①创建文档，选择"页面布局"选项卡。②单击"页边距"下拉按钮。③在弹出的下拉列表中选择"自定义页边距"选项，如图4-1所示。

Step 2：进行设置。 ①弹出"页面设置"对话框，在"页边距"区域，设置上、下页边距为1.5厘米，左、右页边距为2厘米。②单击"确定"按钮，如图4-2所示。

图4-1 选择"自定义页边距"选项 图4-2 "页面设置"对话框

2. 设置纸张大小和方向

Step 1：选择"其他纸张大小"选项。 ①选择"页面布局"选项卡；②单击"纸张大小"下拉按钮；③选择"A4"选项或在弹出的下拉列表中选择"其它页面大小"选项，如图4-3所示。

Step 2：进行设置。 ①弹出"页面设置"对话框，在"纸张"选项卡下"纸张大小"区域中设置所需页面大小；②单击"确定"按钮，如图4-4所示。

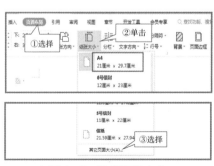 

图4-3 设置纸张大小 图4-4 "页面设置"对话框

3. 设置页面背景

在 WPS 文档中可以通过页面颜色来设置文档的背景，达到美化文档的效果，如设置颜色背景、图片背景、其他背景、水印等。

1）设置文档页面颜色

Step 1：选择背景颜色。 背景颜色分为纯色填充和渐变填充。①选择"页面布局"选项卡；②单击"背景"按钮，选择"灰色（25%）"选项，如图 4 – 5 所示。

2）设置水印

Step 1：选择水印。 ①选择"页面布局"选项卡；②单击"背景"按钮；③选择"水印"选项，如图 4 – 6 所示。

Step 2：设置水印。 在"水印"菜单中，选择"样本"选项，如图 4 – 7 所示。

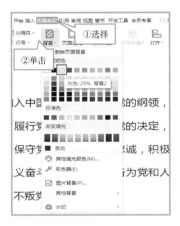
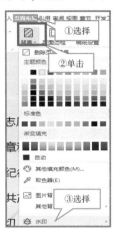

图 4 – 5　选择背景颜色　　　　图 4 – 6　选择"水印"选项　　　　图 4 – 7　设置水印

4. 设置分栏

分栏排版是指将一篇文档的全部或部分内容分割为两栏或多栏进行排列，以增加文档的观赏性，分栏排版被广泛应用于报纸、杂志等版面设计中。

Step 1：选择"更多分栏"选项。 ①选择"页面布局"选项卡；②单击"分栏"下拉按钮；③除了直接选择两栏或三栏排版外，还可以选择"更多分栏"选项，如图 4 – 8 所示。

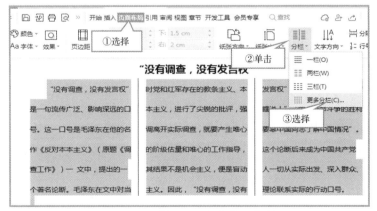

图 4 – 8　选择"更多分栏"选项

Step 2：设置"分栏"对话框。 ①打开"分栏"对话框，在"预设"区域中可以选择更多分栏方式；②在"栏数"数值框中可以自定义分栏数，在"宽度和间距"区域中可以设置各栏的宽度和分隔距离，勾选"分隔线"复选框，如图4-9所示。

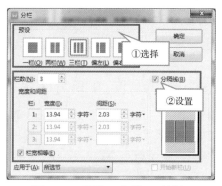

图4-9 设置"分栏"对话框

活动2　插入并编辑艺术字

为了提升文档的整体效果，在文档内容上常常需要应用一些具有艺术效果的文字。艺术字多用于广告宣传、文档标题。WPS文字提供了插入艺术字的功能，并预设了多种艺术字效果以供选择，用户还可以根据需要自定义艺术字效果。

1. 插入艺术字

Step 1：定位光标。 将光标定位到文档中要插入艺术字的位置。

Step 2：插入艺术字。 ①选择"插入"选项卡；②单击"艺术字"下拉按钮；③在弹出的下拉列表中选择要使用的艺术字样式，如图4-10所示。

Step 3：输入艺术字文本。 文档中出现一个文本框，并显示"请在此放置您的文字"占位符，删除占位符文字，输入"党史学习教育简报"，如图4-11所示。

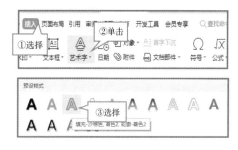

图4-10 插入艺术字

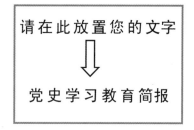

图4-11 输入艺术字文本

2. 编辑艺术字

插入艺术字后，如果对艺术字效果不满意，可重新对其进行编辑，主要是对艺术字的颜色、轮廓进行更改。

Step 1：更改艺术字的颜色。 ①选择艺术字文本，即可激活"文本工具"选项卡，如图4-12所示，使用其中的功能可以对艺术字进行字体、样式、位置、文本效果等各种设置；②单击"文本工具"→"文本填充"下拉按钮；③选择"渐变填充"→"红色-栗色渐变"选项，如图4-13所示。

图 4－12　"文本工具"选项卡

Step 2：更改艺术字的轮廓。　①选择艺术字文本，单击"文本工具"选项卡中的"文本轮廓"下拉按钮；②选择标准色"橙色"，如图 4－14 所示。

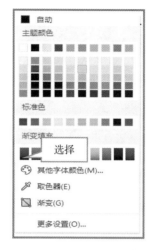

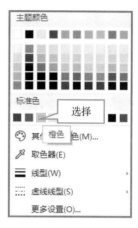

图 4－13　更改艺术字的颜色　　　　　　图 4－14　更改艺术字的轮廓

Step 3：更改艺术字的效果。　①选择艺术字文本，单击"文本工具"选项卡中的"形状效果"下拉按钮；②选择"阴影"→"外部：右下斜偏移"选项，如图 4－15 所示。

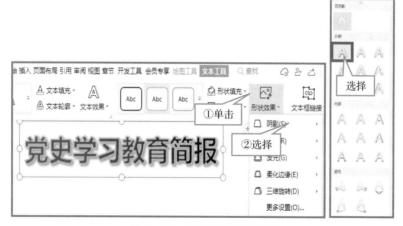

图 4－15　更改艺术字的效果

提示：
　　选择已有的文本，可以执行插入艺术字操作，可快速将文本转换为艺术字；选择艺术字，单击"形状效果"下拉按钮可以设置各种艺术字效果。

活动3 插入并编辑图片

在制作文档的过程中有时需要插入图片来配合文字解说，既能美化文档，又能直观表达作者的意图，给读者带来直观的视觉感受。

1. 插入图片

Step 1：定位光标。 将光标定位到文档中要插入图片的位置。

Step 2：插入图片。 ①选择"插入"选项卡；②单击"图片"下拉按钮；③选择"本地图片"选项，如图 4-16 所示。

Step 3：选择图片。 ①选择图片的存储位置；②选择准备插入的图片；③单击"打开"按钮，如图 4-17 所示。

图 4-16 插入图片

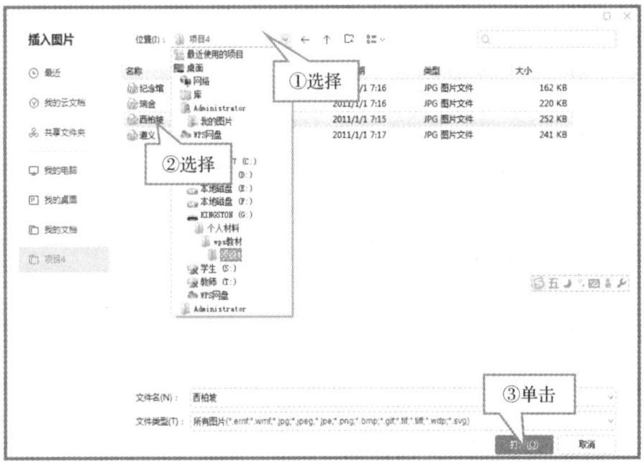

图 4-17 选择图片

2. 编辑图片

1）调整图片的大小

Step 1：选择图片。 选择图片后会自动出现图片工具。

Step 2：输入数值。 输入图片宽 3 厘米、高 4.8 厘米，按 Enter 键即可，如图 4-18 所示。

Step 3：编辑效果。 编辑效果如图 4-19 所示。

图 4-18 输入数值

图 4-19 编辑效果

2）裁剪图片

Step 1：选择裁剪方式。　①选择要裁剪的图片；②单击"裁剪"按钮；③选择"按形状裁剪"→椭圆选项，如图 4 – 20 所示。

Step 2：裁剪效果。　如图 4 – 21 所示。

图 4 – 20　选择裁剪方式　　　　　　　　　图 4 – 21　裁剪效果

提示：

如果图片裁剪不理想，可以将图片恢复至插入时的状态，然后重新进行裁剪。恢复图片至插入状态时的方法为：首先选择图片，然后单击"图片工具"选项卡中的"裁剪"下拉按钮，选择"重设形状和大小"选项，即可快速将图片恢复至插入时的状态。

3）设置图片环绕方式

Step 1：选择图片环绕方式。　①选择图片；②单击"环绕"下拉按钮；③选择"紧密型环绕"选项，如图 4 – 22 所示。

图 4 – 22　选择图片环绕方式

Step 2：设置效果。 设置效果如图 4-23 所示。

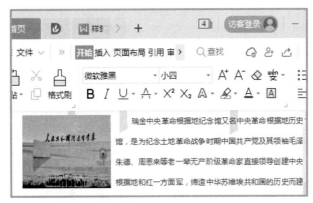

图 4-23 设置效果

活动 4 插入并编辑文本框

在制作简报或广告等时，常常需要在文档的某个位置输入文本，此时可以使用文本框来 装载文本内容。WPS 文字提供的文本框进一步增强了图文混排的功能。文本框分为横向和竖向、多行文字，下面以插入横向文本框为例进行讲解。

1. 插入文本框

Step 1：定位光标。 将光标定位到文档中要插入文本框的位置。

Step 2：插入文本框。 ①选择"插入"选项卡；②单击"文本框"下拉按钮，选择"横向"选项，如图 4-24 所示。

Step 3：输入文本。 输入文本后选择文本，将文本格式设置为微软雅黑、五号、黑色，若想调整文本框的大小，拉动四周的控制点即可，如图 4-25 所示。

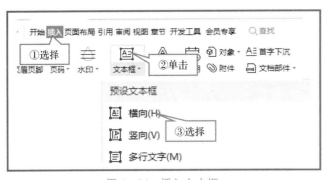

图 4-24 插入文本框

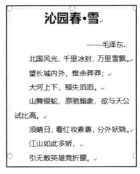

图 4-25 输入文本

2. 编辑文本框

1）形状填充

Step 1：选择文本框。 选择文本框，激活"文本工具"选项卡。

Step 2：设置形状填充。 ①单击"形状填充"下拉按钮；②在下拉列表中选择"图片或纹理"选项；③选择"纸纹 1"选项，如图 4-26 所示。

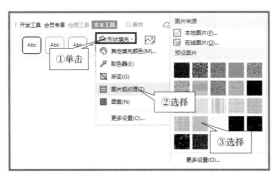

图 4 – 26　设置形状填充

> **提示：**
>
> 横向文本框中的文本是从左到右，从上到下输入的；而竖向文本框中的文本则是从上到下，从右到左输入的。单击"文本框"下拉按钮，在下拉列表中选择"竖向"选项，即可插入竖向文本框。

2）形状轮廓

Step 1：选择文本框。　选择文本框，激活"文本工具"选项卡。

Step 2：设置形状轮廓。　①单击"形状轮廓"下拉按钮；②在下拉列表中选择"无边框色颜色"选项，如图 4 – 27 所示。

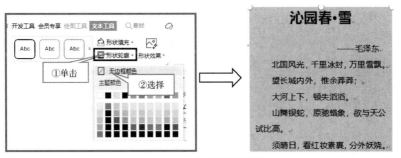

图 4 – 27　设置形状轮廓

活动 5　插入并编辑形状

在文档中除了可以插入图片和艺术字外，WPS 文档还提供了丰富的图形绘制功能，可在文档中画出各种样式的形状，如线条、矩形、心形和旗帜等。

1. 绘制图形

Step 1：选择图形。　①选择"插入"选项卡；②单击"形状"下拉按钮；③在弹出的下拉列表框中选择"横卷形"选项，如图 4 – 28 所示。

Step 2：绘制图形。　当鼠标指针变成"＋"形状时，在文档中合适的位置按住鼠标左键拖动，即可绘制选中的图形，如图 4 – 29 所示。

2. 编辑图形

绘制图形后，将会激活"绘图工具"选项卡。在其中可以以图形进行编辑加工，如设置线条、填充色、阴影等外观，还可以添加文字。

Step 1：设置样式。 所绘制的图形在默认状态下是用蓝色填充的，在预设样式组中选择"巧克力黄"填充，如图4-30所示。

Step 2：添加文字。 选择图形，右击，在弹出的菜单中的选择"添加文字"命令，输入文本，如图4-31所示。

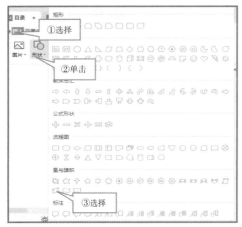

图4-28 选择图形

图4-29 绘制图形

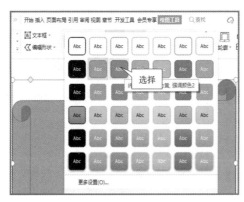

图4-30 设置样式

图4-31 添加文字

Step 3：编辑效果。 编辑效果如图4-32所示。

图4-32 编辑效果

活动 6　插入并编辑二维码

　　二维码又叫作二维条形码,它是利用黑白相间的图形记录数据符号信息的,使用电子扫描设备如手机、平板电脑等,便可自动识读以实现信息的自动处理。二维码具有储存量大、保密性高、追踪性高、成本低等特性。二维码可以存储网址、名片、文本信息、特定代码等各种信息。

1. 插入二维码

Step 1:插入二维码。　①选择"插入"选项卡;②单击"更多"下拉按钮;③在弹出的下拉列表框中选择"二维码"选项,如图 4 – 33 所示。

Step 2:输入内容。　①弹出"插入二维码"对话框,在"输入内容"文本框中输入网址"http://dangshi. people. com. cn/";②单击"确定"按钮,如图 4 – 34 所示。

图 4 – 33　插入二维码　　　　　图 4 – 34　输入内容

2. 编辑二维码

　　二维码默认是黑色的正方形样式,用户可以对二维码的颜色、图案样式、大小等进行编辑。

提示:

　　名片、电话号码和 WiFi 也可以生成二维码,打开"插入二维码"对话框,在左上角选择不同的选项即可,然后根据提示输入相应的内容,单击"确定"按钮,就可以生成相应的二维码图片。

Step 1:编辑扩展对象。　选择二维码,单击右侧的"编辑扩展对象"按钮,如图 4 – 35所示。

Step2:设置前景色。　①弹出"插入二维码"对话框。单击右下角"颜色设置"选项卡中的"前景色"按钮;②在打开的列表中选择红色,如图 4 – 36 所示。

Step3:设置定位点样式。　①在"插入二维码"对话框中选择"图案样式"选项卡;②将鼠标指针移至"定位点样式"按钮上,在打开的列表中选择第一种样式;③单击"确定"按钮,如图 4 – 37 所示。

图 4 – 35　编辑扩展对象　　　　　　图 4 – 36　"插入二维码"对话框

Step4：编辑二维码效果。　编辑二维码效果如图 4 – 38 所示。

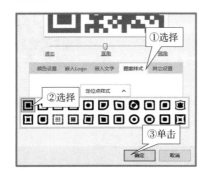

图 4 – 37　设置定位点样式　　　　　　图 4 – 38　编辑二维码效果

<u>活动 7</u>　设置特殊文字格式

　　特殊文字格式的设置主要包括首字下沉、带圈字符、拼音文字等特殊的排版方式，通常用于对个性化的文档进行排版。

【样张 4.2】

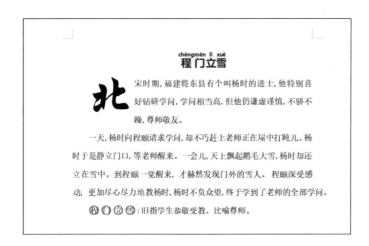

1. 首字下沉

Step 1：单击"首字下沉"按钮。 ①选择第一段第一个字；②选择"插入"选项卡；③单击"首字下沉"按钮，如图4-39所示。

Step 2：设置"首字下沉"对话框。 ①弹出"首字下沉"对话框，在"位置"区域选择"下沉"选项；②在"字体"下拉列表中选择一种字体，如"华文行楷"；③在"下沉行数"微调框中输入数值"3"；④单击"确定"按钮，如图4-40所示。

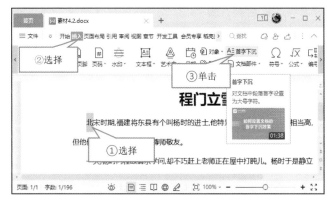 

图4-39 单击"首字下沉"按钮　　　　　　图4-40 "首字下沉"对话框

2. 带圈字符

Step 1：选择"带圈字符"选项。 ①一次只能选择一个字符；②选择"开始"选项卡；③单击"拼音指南"下拉按钮；④选择"带圈字符"选项，如图4-41所示。

Step 2：设置"带圈字符"对话框。 ①弹出"带圈字符"对话框，在"样式"区域中选择"增大圈号"选项；②在"圈号"列表框中选择圈号样式；③单击"确定"按钮，如图4-42所示。

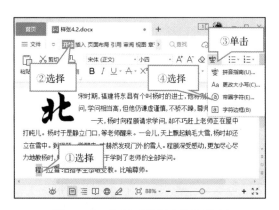 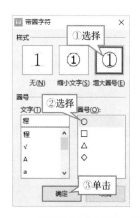

图4-41 选择"带圈字符"选项　　　　　图4-42 设置"带圈字符"对话框

3. 拼音文字

Step 1：单击"拼音指南"按钮。 ①选择文本；②选择"开始"选项卡；③单击"拼音指南"按钮，如图4-43所示。

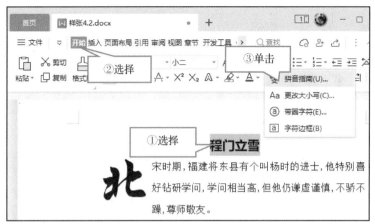

图 4 - 43　单击"拼音指南"按钮

Step 2：设置"拼音指南"对话框。 ①弹出"拼音指南"对话框，设置字体为"微软雅黑"；②单击"确定"按钮，如图 4 - 44 所示。

图 4 - 44　"拼音指南"对话框

素材下载及重难点回看

素材下载

重难点回看（1）

重难点回看（2）

第二部分　任务工单

任务编号：WPS-4-1	实训任务：制作强国有我简报	日期：
姓名：	班级：	学号：

一、任务描述

打开 D:\素材\强国有我．wps 文档，并另存为 D:\wps\强国有我．wps，完成后效果如【任务样张 4.1】所示。

二、【任务样张 4.1】

续表

任务编号：WPS – 4 – 1	实训任务：制作强国有我简报	日期：
姓名：	班级：	学号：

三、任务实施

1. 页面布局（上、下边距为 1 cm，左、右边距为 2 cm）

2. 插入艺术字

3. 插入文本框

4. 插入图片

4. 插入形状

6. 另存文件

四、任务执行评价

序号	考核指标	所占分值	备注	得分
1	任务完成情况	30	在规定时间内完成并按时上交任务单	
2	成果质量	70	按标准完成，或富有创意，进行合理性评价	
总分				

指导教师：

日期： 年 月 日

工单素材

扫码下载任务单

任务 4.2　插入各式图表

第一部分　知识学习

课前引导

　　WPS Office 2019 为用户提供了各种图表，用以丰富文档内容，提高文档的可阅读性。用户可以在文档中插入关系图、思维导图和流程图等图表。本任务详细介绍在 WPS 文档中插入各类图表的方法。

任务描述

　　组织结构图是指将企业组织分成若干部分，并且标明各部分之间可能存在的各种关系；流程图是指求解某一问题的数据通路，同时规定了处理的主要阶段和所用的各种数据媒体。

　　本任务利用 WPS 文档绘制党支部组织结构图、入党程序流程图。

任务目标

（1）掌握插入组织结构图的方法；

（2）掌握插入流程图的方法。

活动 1　制作班级组织结构图

　　WPS Office 2019 提供了列表、流程、循环、层次结构、关系、矩阵、棱锥图等多种智能图形样式，方便用户根据需要选择。插入组织结构图的具体操作步骤如下。

　1. 插入组织结构图

Step 1：单击"智能图形"按钮。　①创建文档，选择"插入"选项卡；②单击"智能图形"按钮，如图 4-45 所示。

Step 2：插入组织结构图。　弹出"智能图形"对话框，选择"层次结构"选项卡中的组织结构图，如图 4-46 所示。

Step 3：输入文字。　在项目中输入文字。

　2. 增/删组织结构项目

Step 1：删除组织结构项目。　选择项目，按 Delete 键将其删除，其他项目删除操作相同，结果如图 4-47 所示。

Step 2：增加组织结构项目。　①选择"副班长"项目，单击"添加项目"下拉按钮；②选择"在下方添加项目"选项，其他项目添加操作类似，如图 4-48 所示。

Step 3：输入文字。　在项目中输入文字。

　3. 更改组织结构图布局

Step 1：调整组织结构图布局。　①选择"副班长"项目；②单击"布局"下拉按钮，选择"标准"选项，如图 4-49 所示。

Step 2：完成效果。　完成效果如图 4-50 所示。

图 4-45　单击"智能图形"按钮

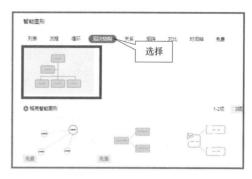

图 4-46　插入组织结构图

图 4-47　删除组织结构项目

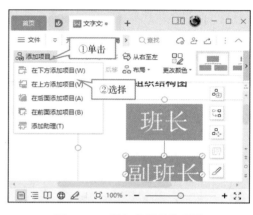

图 4-48　添加组织结构项目

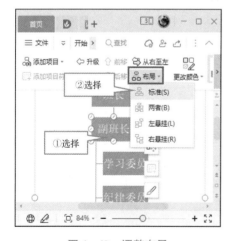

图 4-49　调整布局

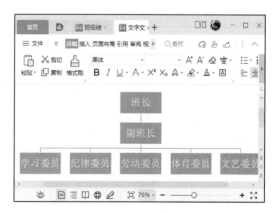

图 4-50　完成效果

4. 美化组织结构图

Step 1：使用预置的颜色样式。　①选择组织结构图，单击"设计"选项卡中的"更改颜色"按钮；②从颜色样式中选择一种配色，如图 4-51 所示。

> **提示：**
> 　　在制作组织结构图时，不仅能增/删项目，调整布局，还能调整项目的级别，方法是：选择项目，单击"设计"选项卡下的"升级"或"降级"按钮，就可以升降项目的级别。

Step 2：使用预置的样式。　在"设计"选项卡中选择一种样式，如图 4 – 52 所示。

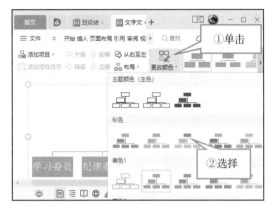

图 4 – 51　使用预置的颜色样式

图 4 – 52　使用预置的样式

活动 2　绘制建筑公司项目管理流程图

　　流程图和组织结构图不同。组织结构图的结构比较单一，通常是由上而下的结构，这种结构可利用 WPS 文档中的智能图形模板修改制作，以提高制作效率。但是，不同部门有不同的工作方式，其工作流程的结构十分多样，在智能图形中难以找到合适的模板。此时可以通过绘制形状和箭头的方法，灵活绘制流程图。制作者应当根据实际的工作流程，选择恰当的形状进行绘制，然后调整形状的对齐效果，再在形状中添加文字，最后修饰流程图，完成制作。

　　1. 绘制流程图

　　1）绘制流程图基本形状

　　一张完整的流程图通常由 1 ~ 2 种基本形状构成，不同的形状有不同的含义。如果是相同的形状，可以利用复制的方法来快速完成绘制。

Step 1：选择"圆角矩形"图标。　①创建文档，输入标题"建筑公司项目管理流程图"，设置文字为微软雅黑，二号；②单击"插入"选项卡下的"形状"下拉按钮；③在下拉菜单中选择"圆角矩形"图标，如图 4 – 53 所示。

Step 2：绘制圆角矩形。　在 WPS 文档界面中，按住鼠标左键不放，拖动鼠标绘制圆角矩形。

Step 3：复制圆角矩形。　绘制完成后选择圆角矩形，连续两次按"Ctrl + C"和"Ctrl + V"组合键，复制多个圆角矩形并调整位置，如图 4 – 54 所示。

图 4-53　绘制圆角矩形　　　　　　　图 4-54　复制圆角矩形

2）绘制流程图箭头

连接流程图最常用的形状便是箭头，根据流程图的引导方向不同，箭头类型也有所不同。绘制不同的箭头，只需要选择不同形状的图标即可。

Step 1：选择箭头形状。　①单击"插入"选项卡下的"形状"下拉按钮；②在下拉菜单中选择"箭头总汇"区域中的相应图标，如图 4-55 所示。

Step 2：绘制第一个箭头。　为了使箭头保持水平，按住 Shift 键，再按住鼠标左键不放并拖动。

Step 3：绘制其他箭头。　按照相同的方法，绘制其他箭头，如图 4-56 所示。

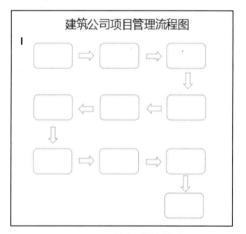

图 4-55　选择箭头形状　　　　　　　图 4-56　绘制其他箭头

提示：

在绘制箭头或线条时，如果需要绘制出水平、垂直或成45°及其倍数方向的箭头或线条，可在绘制时按住 Shift 键；绘制具有多个转折点的线条时可使用"任意多边形"形状，绘制完成后按 Esc 键即可退出线条绘制操作。

3）调整流程图的对齐方式

手动绘制的流程图完成后，往往存在布局上的问题，如形状没有对齐，形状之间的距离有问题，需要进行调整，这时需要用到 WPS 文档的"对齐"功能。

Step 1：将第二、三、四排的形状向下移。　审视整个流程图，发现各形状间的距离太近，需要拉开距离。按住 Ctrl 键，选中下面三排的形状，然后按"↓"方向键，让这三排形状向下移动，同此操作，依次将第三排、第四排的向下移，此时便将四排形状之间的距离拉大了。

Step 2：调整各排形状"垂直居中"。　①按住 Ctrl 键，选择第一排的形状；②单击"绘图工具"选项卡中的"对齐"按钮；③选择菜单中的"垂直居中"选项，同此操作，依次调整其他排形状"垂直居中"，如图 4 – 57 所示。

Step 3：调整形状"左对齐"。　①按住 Ctrl 键，同时选中各排的第一个矩形；②选择"对齐"菜单中的"左对齐"选项。

Step 4：调整形状"水平居中"。　①按住 Ctrl 键，同时选中各排的第二个矩形；②选择"对齐"菜单中的"水平居中"选项。

Step 5：调整形状"右对齐"。　①按住 Ctrl 键，同时选中各排的第三个矩形；②选择"对齐"菜单中的"右对齐"选项。

Step 6：对齐效果。　对齐效果如图 4 – 58 所示。

图 4 – 57　调整各形状"垂直居中"

图 4 – 58　对齐效果

2. 添加流程图文字

手动绘制的流程图是由形状组成的，因此添加文字其实是在形状中输入文本，而不是像智能图形那样，自带输入文字的地方。因此，如果需要为箭头添加文字，则需要绘制文本框。

Step 1：在第 1 个形状中输入文字。　①选择左上角第 1 个形状右击，选择"添加文字"命令；②在光标所在的图形中输入文字，如图 4 – 59 所示。

Step 2：完成其他文字输入。　按照相同的方法，完成流程图内其他形状的文字输入，如图 4 – 60 所示。

3. 美化流程图

在对利用形状绘制的流程图进行颜色、效果、字体的修饰时，往往不能选择系统预置的样式，而是单独进行调整。

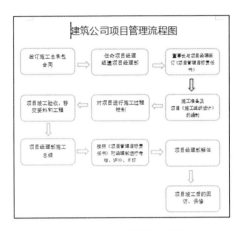

图 4-59　输入文字　　　　　　　　　　　　　　图 4-60　文字输入效果

1）调整流程图的颜色

绘制的流程图在设置颜色时，颜色也有代表意义，不能随心所欲地设置颜色。

Step 1：设置圆角矩形颜色。①按住 Ctrl 键，选择所有圆角矩形，单击"绘图工具"选项卡中的"填充"下拉按钮；②在弹出的下拉菜单中选择"橙色"选项，如图 4-61 所示。

Step 2：设置箭头颜色。①按住 Ctrl 键，选择所有箭头，单击"绘图工具"选项卡中的"轮廓"下拉按钮；②在弹出的下拉菜单中选择"黑色"选项，此时便完成了箭头颜色的设置，如图 4-62 所示。

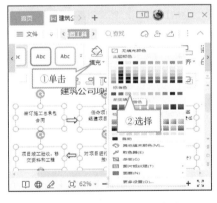
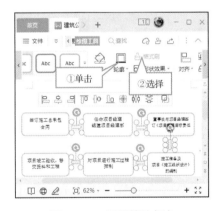

图 4-61　设置圆角矩形颜色　　　　　　　　　图 4-62　设置箭头颜色

2）设置流程图形状效果

流程图的颜色设置完成后，可以为形状设置效果。最常用的效果是阴影效果。需要注意的是，形状效果不宜太多，否则会画蛇添足。

Step 1：设置阴影效果。①按住 Ctrl 键，选择流程图中的所有形状，单击"绘图工具"选项卡中的"形状效果"下拉按钮；②在弹出的菜单中选择"阴影"选项；③在弹出的菜单中选择"向右偏移"选项，如图 4-63 所示。

Step 2：完成效果。此时流程图形状效果设置完成，如图 4-64 所示。

图 4 - 63　设置阴影效果

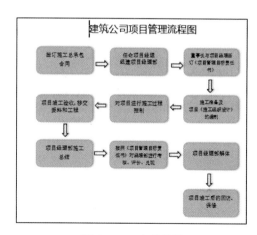

图 4 - 64　完成效果

素材下载及重难点回看

素材下载

重难点回看

第二部分 任务工单

任务编号：WPS–4–2	实训任务：绘制企业内部工作流程图	日期：
姓名：	班级：	学号：

一、任务描述

新建文档，并保存为"D:\wps\内部工作流程图 .wps"，完成后效果如【任务样张 4.2】所示。

二、【任务样张 4.2】

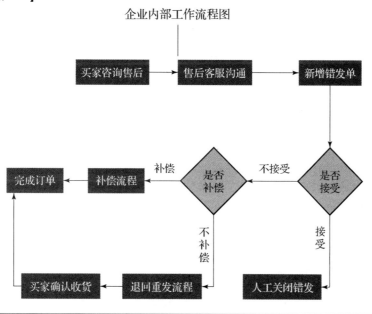

三、任务实施

1. 新建文档。

2. 绘制流程图。

（1）绘制"矩形"形状。

（2）绘制"菱形"形状。

（3）绘制箭头。

任务编号：WPS - 4 - 2	实训任务：绘制企业内部工作流程图	日期：
姓名：	班级：	学号：

3. 调整对齐流程图。

4. 添加流程图文字（微软雅黑、五号）。

5. 美化流程图（添加形状阴影）。

6. 保存文档。

四、任务执行评价

序号	考核指标	所占分值	备注	得分
1	任务完成情况	30	在规定时间内完成并按时上交任务单	
2	成果质量	70	按标准完成，或富有创意，进行合理评价	
总分				

指导教师：

日期：　　年　　月　　日

工单素材

扫码下载任务单

知识测试与能力训练

一、单项选择题

1. 小王在 WPS 文字中编辑一篇摘自互联网的文章，他需要将文档每行后面的手动换行符全部删除，最优的操作方法是（　　　）。

A. 在每行的结尾处逐个手动删除

B. 长按 Ctrl 键依次选择所有手动换行符后，再按 Delete 键删除

C. 通过查找和替换功能删除

D. 通过文字工具删除

2. 在 WPS 文字中，将某个词复制到插入点，应先将该词选中，再（　　　）。

A. 直接拖动到插入点

B. 选择"剪切"命令，再在插入点处选择"粘贴"命令

C. 选择"复制"命令，再在插入点处选择"粘贴"命令

D. 选择"撤销"命令，再在插入点处选择"恢复"命令

3. 进行复制操作，第一步应（　　　）。

A. 定位光标 　　　　　　　　　　　 B. 选择复制对象

C. 按"Ctrl + C"组合键 　　　　　　 D. 按"Ctrl + V"组合键

4. 在 WPS 文字中，若要将一些选中的文本内容设置为粗体字，则单击工具栏上的（　　　）。

A. "L"按钮 　　　　　　　　　　　 B. "B"按钮

C. "U"按钮 　　　　　　　　　　　 D. "A"按钮

5. 在 WPS 文字的编辑状态下，被编辑文档的字号有"四号""五号""16 磅""18 磅"4 种，下列关于所设定字号大小的比较中，正确的是（　　　）。

A. "四号"大于"五号" 　　　　　　 B. "四号"小于"五号"

C. "16 磅"大于"18 磅" 　　　　　　 D. 字号的大小一样，字体不同

6. 在 WPS 文字的编辑状态下，选取文档中的一行宋体文字后，先设置粗体，再设置斜体，则所选取行的文字变为（　　　）。

A. 宋体、粗体 　　　　　　　　　　 B. 粗体、斜体

C. 宋体、斜体 　　　　　　　　　　 D. 宋体、粗体、斜体

7. 在 WPS 文字的文档中选择某句话，连击两次工具条中的斜体按钮，则（　　　）。

A. 这句话呈左斜体格式 　　　　　　 B. 这句话呈右斜体格式

C. 这句话的字符格式不变 　　　　　 D. 产生错误报告

8. 在 WPS 文字的文档中将一些相同的字块换成另外的内容，采用（　　　）方式会更方便。

A. 重新输入 　　　　　　　　　　　 B. 复制

C. 另存 　　　　　　　　　　　　　 D. 替换

9. 在一个正处于编辑状态的 WPS 文档中，选择一段文字有两种方法：一种是将鼠标移到这段文字的开头，按住鼠标左键，一直拖到这段文字的末尾；另一种方法是将光标移到这段文字的开头，按住（　　　）键再按住方向键，直至选中需要的文字。

A. Ctrl 　　　　　　　　　　　　　 B. Alt

C. Shift 　　　　　　　　　　　　　 D. Esc

10. 在 WPS 文字的文档编辑中，按（　　　）可删除插入点前的字符。

A. Del 键 　　　　　　　　　　　　 B. Backspace 键

C. "Ctrl + Del"组合键 　　　　　　 D. "Ctrl + Backspace"组合键

二、简答题

1. 在 WPS 文字中，插入图片的环绕方式有哪些？

2. 在 WPS 文字中，何为组织结构图？

项目 5

WPS文字中的表格应用

项目概述

日常生活中人们经常会用到表格。表格简洁明了、直观，是日常办公时经常使用的一种形式，例如：简历表、考勤表、课程表、报名表等都为表格形式。WPS Office 2019 提供了表格制作的工具，可以制作出满足各种需求的表格。

知识目标

➢ 创建表格；
➢ 表格的基本操作；
➢ 美化表格；
➢ 手动绘制表格；
➢ 绘制斜线表头。

技能目标

➢ 能制作各种表格；
➢ 能对表格进行编辑美化；
➢ 能手动绘制各种表格；
➢ 能绘制斜线表头。

素质目标

➢ 培养学生的审美能力；
➢ 培养学生自主思考与学习的能力；
➢ 培养学生发现问题、解决问题的可持续发展能力；
➢ 培养学生一丝不苟、精益求精的工匠精神；
➢ 培养学生一心向党、志存高远的胸怀。

任务5.1 制作个人求职简历

第一部分 知识学习

课前引导

在日常工作、生活中，当需要展现一些简单的数据信息时用文字表现可能并不清晰、明了，如果用表格方式来表现，就可以使读者一目了然。在 WPS 文字中可以创建各种样式的表格，使用表格可以极大地丰富文档内容。

任务描述

为了让用工单位能快速了解自己，往往需要制作个人求职简历。个人求职简历能完整地记录个人资料，呈现求职者的背景、经验技术、优势等，所以学会制作个人求职简历，对工作和生活尤为重要。本任务通过学习制作个人求职简历，掌握表格的制作要点，从而学会制作各式表格。

任务目标

（1）掌握创建及编辑表格的方法；

（2）掌握美化表格的方法。

【样张5.1】

个人求职简历

求职意向				
基本信息				
姓名	性别	出生年月		
民族	婚否	政治面貌		照片
籍贯	学历	现所在地		
毕业院校		所学专业		
手机号码		电子邮箱		
教育经历				
起止时间	毕业院校/教育机构		专业/课程	
工作经历				
起止时间	公司名称		职业	
技能/爱好				
自我评价				

活动1　创建表格

表格由多个单元格按行、列的方式组合而成。在 WPS 文字中，最常用的创建表格的方法有插入表格和绘制表格两种。

1. 插入表格

Step 1：打开"插入表格"对话框。　①创建文档，输入文档标题"个人求职简历"，并将光标定位至下一行；②单击"插入"选项卡中的"表格"下拉按钮；③选择"插入表格"命令，如图 5-1 所示。

Step 2：输入表格的列数、行数。　①在打开的"插入表格"对话框中，输入行数"17"和列数"3"；②单击"确定"按钮，如图 5-2 所示。

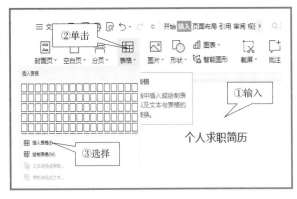

图 5-1　选择"插入表格"命令

图 5-2　"插入表格"对话框

2. 绘制表格

Step 1：选择"绘制表格"命令。　①创建文档，输入文档标题"个人求职简历"，并将光标定位至下一行；②单击"插入"选项卡中的"表格"下拉按钮；③选择"绘制表格"命令，如图 5-3 所示。

Step 2：绘制表格外框。　在页面中按住鼠标左键不放，绘制一个 17×3 的表格，如图 5-4 所示。

Step 3：退出表格绘制状态。　表格绘制完成后，需要调整表格的大小，单击"表格工具"选项卡中的"绘制表格"按钮退出表格绘制状态。

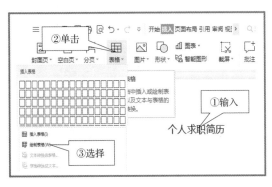

图 5-3　选择"绘制表格"命令

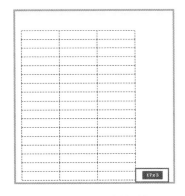

图 5-4　绘制表格外框

> **提示：**
>
> 　　在绘制表格的过程中，若绘制的线条有误，需要将相应的线条擦除，则可以用橡皮擦来擦除表格边线。其方法为：单击"表格工具"选项卡中的"擦除"按钮，再单击选择需要擦除的表格线即可。

活动2　编辑表格

创建表格后，通常需要对表格进行适当的编辑修改，如添加行、列或删除行、列，调整表格的行高和列宽，合并或拆分单元格等。

1. 选中表格对象

（1）选择整个表格：将鼠标指针指向表格时，单击表格的左上角标志，即可选中整个表格。

（2）选择单个单元格：将鼠标指针指向某单元格的左侧，待指针呈黑色箭头时，单击鼠标左键可选中该单元格，双击可选中一行单元格。

（3）选择连续的单元格：将鼠标指针指向某单元格的左侧，当指针呈黑色箭头时按住鼠标左键并拖动，拖动的起始位置到终止位置之间的单元格将被选中。

（4）选择不连续的单元格：选中第一个要选择的单元格后按住 Ctrl 键不放，然后依次选择其他分散的单元格即可。

（5）选择行：将鼠标指针指向某行的左侧，待指针呈白色箭头时，单击鼠标左键可选中该行。

（6）选择列：将鼠标指针指向某列的上边，待指针呈黑色箭头时，单击鼠标左键可选中该列。

2. 拆分或合并单元格

拆分单元格是指将一个单元格拆分成多个单元格，合并单元格是指将多个相邻的单元格合并为一个单元格。

1）拆分单元格

Step 1：拆分第三行单元格。　①选中第三行所有单元格；②单击"表格工具"选项卡下的"拆分单元格"按钮，如图 5-5 所示。

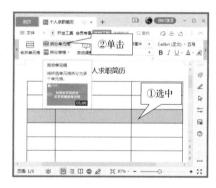

图 5-5　拆分单元格

Step 2：设置拆分参数。　①在"拆分单元格"对话框中输入列数和行数；②单击"确定"按钮，如图 5-6 所示。

Step 3：继续拆分其他单元格。　按照相同的方法，将其他单元格拆分，效果如图 5-7 所示。

2）合并单元格

Step 1：选中单元格。　选中第一行除第二、三列右边所有单元格。

Step 2：合并单元格。　单击"表格工具"选项卡下的"合并单元格"按钮，将这些单元格合并为一个单元格，如图 5-8 所示。

图 5-6　设置拆分参数

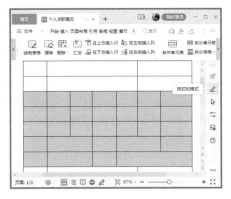

图 5 - 7　拆分单元格效果

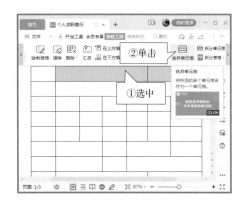

图 5 - 8　合并单元格

Step 3：继续合并其他单元格。 按照相同的方法，将其他单元格合并，如图 5 - 9 所示。

> **提示：**
>
> 　　单元格的合并与拆分也可以通过右击打开快捷菜单选择命令来实现。方法是：将光标放在单独的单元格中右击，可以从快捷菜单中选择"拆分单元格"命令。选中两个及两个以上的单元格，再右击，可以从快捷菜单中选择"合并单元格"命令。

3. 插入、删除行/列

1）插入行/列

Step 1：定位光标。 将光标置于要插入行/列的单元格中，激活"表格工具"选项卡。

Step 2：插入行。 单击"表格工具"选项卡下"在下方插入行"按钮或直接单击所在行下方的 + 按钮，即可插入相应的行。插入列的方法与插入行的方法类似，如图 5 - 10 所示。

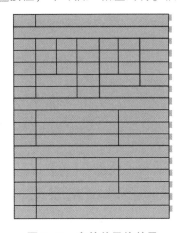

图 5 - 9　合并单元格效果

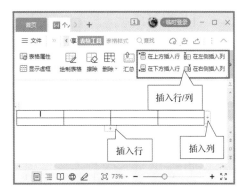

图 5 - 10　插入行/列

> **提示：**
>
> 　　在插入行时，先选中几行，单击"表格工具"选项卡下的"在上方插入行"（或"在下方插入行"）按钮就可以插入几行，插入列的操作也类似。

2）删除行/列

Step 1：定位光标。 选中需要删除的行/列。

Step 2：删除行/列。 在"表格工具"选项卡中单击"删除"按钮，在弹出的下拉列表中选择"行"或"列"选项，如图5-11所示。

4. 调整行高、列宽

《个人求职简历》的框架完成后，需要对单元格的列宽进行微调，以便合理分配同一行单元格的宽度。调整依据是：文字内容较多的单元格需要预留较宽的距离。

（1）调整行高：将鼠标指针指向行与行之间，待指针呈上下箭头，按下鼠标左键并拖动到合适位置时释放鼠标左键即可。

（2）调整列宽：将鼠标指针指向列与列之间，待指针呈左右箭头时，按下鼠标左键并拖动，当出现的虚线到达合适位置时释放鼠标左键即可。

提示：

如果要精确设定行高、列宽的值，可以使用表格属性来调整。其步骤为：选中要设定尺寸的行或列，激活"表格工具"栏，在"高度"和"宽度"文本框中分别输入数值即可。

5. 单元格对齐方式

单元格对齐方式是指单元格中段落的对齐方式，包括"靠上两端对齐""靠上居中对齐""靠上右对齐"以及"中部两端对齐"等9种，分别对应单元格中的9个方位。在默认情况下，单元格的对齐方式为"靠上两端对齐"。

Step 1：输入文字。 在表格中输入文字。

Step 2：设置对齐方式。 ①选中表格中的文字；②在"表格工具"选项卡中单击"对齐方式"按钮；③在弹出的下拉列表中选择"水平居中"命令，如图5-12所示。

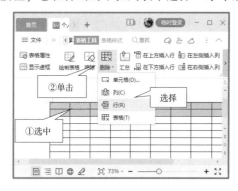 

图5-11 删除行/列　　　图5-12 设置单元格对齐方式

提示：

除了可以通过功能区设置之外，还可以通过快捷菜单设置，方法是：选中单元格文字，右击，在弹出的快捷菜单中展开"单元格对齐方式"子菜单，在其中选择相应的命令即可。单元格对齐方式如图5-13所示。

图5-13 单元格对齐方式

活动 3　美化表格

创建表格后，除了要在单元格中输入文字并设置字符格式外，通常还可以为表格设置边框和底纹效果，以及进行表格自动套用格式等方面的设置，从而快速美化表格。

1. 设置表格边框和底纹

创建表格后，一般默认效果是黑色、细实线边框、无底纹颜色。合理设置表格或单元格的边框和底纹后，可以美化表格，突出显示效果。

Step 1：选中表格。

Step 2：设置表格边框。　①选择"表格样式"选项卡；②单击"边框"按钮；③在弹出的下拉列表中选择"边框和底纹"命令，如图 5 – 14 所示。

Step 3：设置边框参数。　打开"边框和底纹"对话框，在"设置"区域选择"网格"选项，在"线型"列表框中选择"实线"选项，在"颜色"下拉列表中选择"黑色"选项，在"宽度"下拉列表中选择"3 磅"选项，如图 5 – 15 所示。

Step 4：设置底纹。　①选中第二行；②选择"表格样式"选项卡；③单击"底纹"按钮，选择颜色"矢车菊兰"，如图 5 – 16 所示。

图 5 – 14　设置表格边框

图 5 – 15　设置边框参数

2. 套用表格样式

WPS 文字提供了许多美观的表格样式，套用这些样式可以快速格式化表格外观。

Step 1：选中整个表格。

Step 2：选择表格样式。　选择"表格样式"选项卡，在"预设样式"区域选择一种适合的样式，即可应于所选表格，如图 5 – 17 所示。

3. 调整文字方向

在制作表格的过程中，有时会用到文字的各种排版样式，如横向、竖向和倒立等，从而让表格更美观或者更加符合制作需求。

选中单元格区域，选择"表格工具"选项卡，单击"文字方向"下拉按钮，在弹出的选项中选择"垂直方向从左往右"选项，如图 5 – 18 所示。

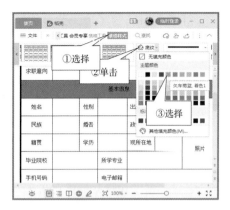

图 5-16　设置底纹

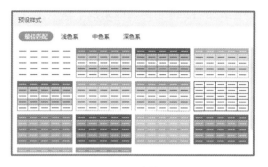

图 5-17　表格样式

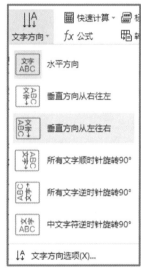

图 5-18　调整文字方向

提示：

　　若要删除表格，可选中整个表格，右击，在弹出的快捷菜单中选择"删除表格"命令，或者选中整个表格，然后按 BackSpace 键进行删除。

　　此外，如果只想清空表格中的文字而不删除表格，在选中整个表格后按 Delete 键即可。

素材下载及重难点回看

素材下载

重难点回看

第二部分　任务工单

任务编号：WPS－5－1	实训任务：制作应聘人员登记表	日期：
姓名：	班级：	学号：

一、任务描述

　　制作应聘人员登记表，并保存为"D：\wps\应聘人员登记表 . wps"，完成后效果如【任务样张 5.1】所示。

二、【任务样张 5.1】

应聘人员登记表

应聘职位＿＿＿＿＿＿＿＿＿＿　　　　　　日期：　　　年　月　日

姓名		性别		户口所在地		政治面貌	
婚姻状况	□已婚□未婚	籍贯		出生日期		＿＿＿年＿＿月＿＿＿日	
毕业院校			专业		学历		
身份证号			参加工作时间				
家庭住址			电话				

教育、培训经历			
起止年月	教育、培训机构	所受奖励	所受处罚

主要工作经历			
起止年月	工作单位	职务	离职原因

自我评述：

薪资要求：

此项内容有行政主管填写：

1. 极力推荐　□　　　　2.　可以培养　　　□　　　　3. 不能达到公司要求　　□

续表

任务编号：WPS – 5 – 1	实训任务：制作应聘人员登记表	日期：
姓名：	班级：	学号：

三、任务实施

1. 新建文档

2. 插入表格

3. 编辑表格

4. 设置表格边框

5. 保存文档

四、任务执行评价

序号	考核指标	所占分值	备注	得分
1	任务完成情况	30	在规定时间内完成并按时上交任务单	
2	成果质量	70	按标准完成，或富有创意，进行合理性评价	
总分				

指导教师：

日期：　　　年　　　月　　　日

工单素材

扫码下载任务单

任务 5.2　制作学生成绩表

第一部分　知识学习

课前引导

　　在日常学习和工作中，常常要制作一些表格，在 WPS 文字中，不仅可以制作表格，还可以对表格中的数据进行计算。下面介绍在表格中使用公式和函数计算数据的操作方法。

任务描述

　　在日常学习和工作中，可以制作一些表格，实现简单的数据计算。本任务通过制作学生成绩表，学习使用 WPS 文字自带的计算功能快速实现数据的计算，包括求和、求平均值等的方法。

任务目标

（1）掌握绘制斜线表头的方法；

（2）掌握在表格中使用公式函数的方法；

（3）掌握表格与文本相互转换的方法。

【样张 5.2】

科目＼姓名	语文	数学	英语	计算机基础	C 语言	总分	平均分
刘珏	85	90	92	95	96	458	91.60
吴衡	88	89	58	95	78	408	81.60
刘华	80	88	75	88	90	421	84.20
邹子敬	90	95	89	90	91	455	91.00
刘茜	85	86	75	85	92	423	84.60
李宝生	78	77	89	78	95	417	83.40
吴昊	68	65	58	89	87	367	73.40
李雨琦	75	85	65	78	68	371	74.20
李华	85	87	85	85	57	399	79.80
崔婷	87	84	85	98	88	442	88.40
刘青青	90	78	68	87	78	401	80.20
李小傅	68	88	78	78	87	399	79.80
王子悦	65	85	90	52	82	374	74.80
陈心志	85	65	87	90	78	405	81.00

活动1 绘制斜线表头

"学生成绩表"表格属于比较规范的表格，选用输入行、列数的方式创建比较合理。

Step 1：创建表格。 创建表格（行数：14，列数：8），输入表格内容。

Step 2：绘制斜线表头。 ①光标定位在第一行第一个单元格处；②选择"表格样式"选项卡；③单击"绘制斜线表头"按钮，如图5-19所示。

Step 3：选择斜线单元格类型。 ①弹出对话框，选择第二个样式；②单击"确定"按钮，如图5-20所示。

Step 4：输入斜线表头文本。 输入斜线表头文本，效果如图5-21所示。

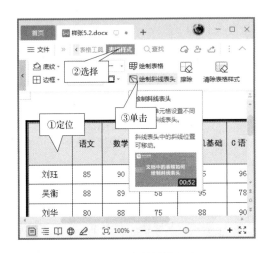
图5-19 绘制斜线表头

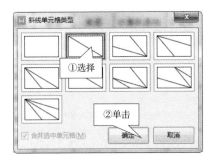
图5-20 选择斜线单元格类型

图5-21 输入斜线表头文本效果

活动2 计算表格数据

制作好表格的框架并输入相关的数据后，用户可以利用WPS文字提供的简易公式计算功能自动填写数值。

1. 数据求和

Step 1：单击"公式"按钮。 ①将光标定位至要求和的单元格内；②选择"表格工具"选项卡；③单击"公式"按钮，如图5-22所示。

Step 2：输入公式。 ①弹出"公式"对话框，在"公式"文本框中输入"=SUM(LEFT)"，表示计算单元格左侧数据的和；②在"数字格式"下拉列表中选择合适的数字格式；③单击"确定"按钮，如图5-23所示。

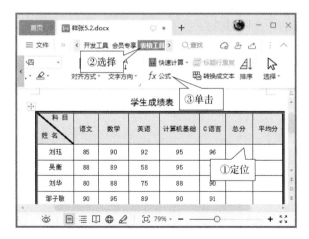

图 5-22　单击"公式"按钮

图 5-23　输入公式

Step 3：复制粘贴公式。　①选中求和结果，按"Ctrl + C"组合键复制该公式；②选择该列下方的单元格，按"Ctrl + V"组合键将复制的公式粘贴于这个单元格中；③选中复制的公式，右击，选择"更新域"选项，即可重新计算第二行的总分，如图 5-24 所示。

Step 4：完成总分计算。　用同样的方法将公式复制到其他单元格中，更新域，如图 5-25 所示。

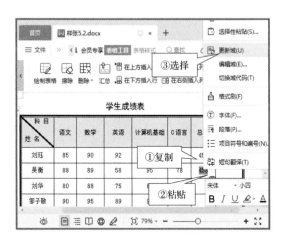

图 5-24　复制粘贴公式

科目 姓名	语文	数学	英语	计算机基础	C 语言	总分	平均分
刘珏	85	90	92	95	96	458	
吴衡	88	89	58	95	78	408	
刘华	80	88	75	88	90	421	
邹子敬	90	95	89	90	91	455	
刘茜	85	86	75	85	92	423	
李宝生	78	77	89	78	95	417	
吴昊	68	65	58	89	87	367	
李雨琦	75	85	75	78	68	371	
李华	85	87	85	85	57	399	
崔娜	87	84	85	98	88	442	
刘青青	90	78	68	87	78	401	
李小傅	68	88	78	78	87	399	
王子悦	65	85	90	52	82	374	
陈心志	85	65	87	90	78	405	

图 5-25　计算总分效果

2. 数据求平均值

Step 1：计算平均分。　① 将光标定位至要求平均分的第一个单元格内；②选择"表格工具"选项卡，单击"公式"按钮；③输入公式"= AVERAGE(B2:F2)"；④单击"确定"按钮，如图 5-26 所示。

Step 2：完成平均分计算。　用同样的方法，完成平均分计算，效果如图 5-27 所示。

图 5-26 计算平均分

科目 姓名	语文	数学	英语	计算机基础	C语言	总分	平均分
刘珏	85	90	92	95	96	458	91.60
吴蒙	88	89	58	93	78	408	81.60
刘华	80	88	75	88	90	421	84.20
郜于敏	90	95	89	90	91	455	91.00
刘言	85	86	75	85	92	423	84.60
李室生	78	77	89	78	95	417	83.40
吴吴	68	65	58	89	87	367	73.40
李有琦	75	85	65	78	68	371	74.20
李华	85	87	85	85	57	399	79.80
巷择	87	84	85	98	88	442	88.40
刘青青	90	78	68	87	78	401	80.20
李小傅	68	88	78	78	87	399	79.80
王于悦	65	85	90	52	82	374	74.80
陈心志	85	65	87	90	78	405	81.00

图 5-27 计算平均分效果

> **提示：**
>
> 有时只想计算部分单元格的数值，但不知如何输入公式。其实在 WPS 文字的表格中，也是通过行、列编号来定位单元格数据，行号从 1，2，3 开始，列号从 A，B，C 开始，只要找到对应单元格的行、列编号，就可以计算部分单元格的数值。
>
> 例如：A1:A3，引用了 A1，A2，A3 这 3 个连续的单元格；
>
> A1:C1，引用了 A1，B1，C1 这 3 个连续的单元格；
>
> A1:C3，引用了 A1 到 C3 矩形范围内的全部单元格，如图 5-28 所示。
>
>
>
> 图 5-28 单元格引用示例

活动3 文本与表格的转换

若想将大量的文本转换为表格，或将表格转换为文本，该怎么办呢？其实很简单，利用 WPS 文字的转换功能即可轻松实现。

1. 将文本转换为表格

Step 1：选中文本。 打开文档，选中需要转换的文本。

Step 2：将文本转换为表格。 ①单击"插入"选项卡中的"表格"按钮；②从下拉列表中选择"文本转换成表格"命令，如图 5-29 所示。

Step 3：设置参数。 弹出"将文字转换成表格"对话框，在此可以对表格尺寸、文字分隔位置等进行设置，这里保持默认设置，单击"确定"按钮，效果如图 5-30 所示。

2. 将表格转换为文本

Step 1：选中表格。 打开文档，选中整个表格。

Step 2：将表格转换为文本。 ①选择"表格工具"选项卡；②单击"转换成文本"按钮，如图 5-31 所示。

Step 3：设置参数。 弹出"表格转换成文本"对话框，在此可以对文字分隔符进行设置，这里保持默认设置，单击"确定"按钮，效果如图 5-32 所示。

图 5 – 29　将文本转换为表格

图 5 – 30　文本转换为表格效果

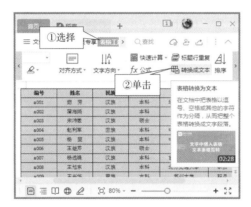

图 5 – 31　将表格转换为文本

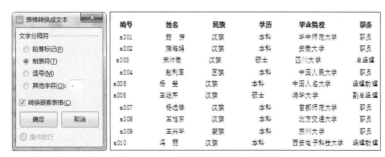

图 5 – 32　表格转换为文本效果

素材下载及重难点回看

素材下载

重难点回看

第二部分　任务工单

任务编号：WPS-5-2	实训任务：制作"2021 年岗位晋升人员资质核定表"	日期：
姓名：	班级：	学号：

一、任务描述

制作"2021 年岗位晋升人员资质核定表"，并保存为"D:\wps\核定表.wps"，完成后效果如【任务样张 5.2】所示。

二、【任务样张 5.2】

2021 年岗位晋升人员资质核定表

姓名	教育情况				晋升前			晋升后			考核评分			评分计算	
	学历	专业	毕业时间	职称	职务级别	月薪(元)	聘任日期	职务级别	月薪(元)	晋升日期	工作效率	表达能力	专业技能	平均分	总分
张明	本科	市场营销	2012.6	组长	五级	6000	2014.1	四级	7000	2020.4	57	95	68		
刘炫	硕士	通讯技术	2014.6	助理	三级	8000	2016.4	二级	9000	2020.7	81	84	95		
王宏	专科	市场营销	2012.6	部长	四级	7000	2016.5	三级	8000	2020.8	62	75	85		
罗小丽	本科	工商管理	2014.6	组长	五级	6000	2017.5	四级	7000	2020.4	52	62	65		
秋小红	本科	酒店管理	2013.6	组长	五级	6000	2017.5	四级	7000	2020.4	68	51	70		
周小发	本科	通讯技术	2015.6	组员	六级	5000	2018.5	五级	6000	2020.6	65	55	84		
部门主管意见　签字：　　年　月　日			人力资源部意见　签字：　　年　月　日				行政总监意见　签字：　　年　月　日				片区领导意见　签字：　　年　月　日				

三、任务实施

1. 新建文档。

2. 页面布局（横向）。

3. 插入并编辑表格。

续表

任务编号：WPS – 5 – 2	实训任务：制作"2021 年岗位晋升人员资质核定表"	日期：
姓名：	班级：	学号：

4. 插入公式（求和、求平均值）。

5. 设置表格样式。

6. 保存文档。

四、任务执行评价

序号	考核指标	所占分值	备注	得分
1	任务完成情况	30	在规定时间内完成并按时上交任务单	
2	成果质量	70	按标准完成，或富有创意，进行合理评价	
总分				

指导教师：

日期：　　年　　月　　日

工单素材　　　　　　　扫码下载任务单

知识测试与能力训练

一、单项选择题

1. 删除单元格的正确操作是（　　　）。

A. 选中要删除的单元格，按 Del 键

B. 选中要删除的单元格，单击"剪切"按钮

C. 选中要删除的单元格，使用"Shift + Del"组合键

D. 选中要删除的单元格，使用右键菜单中的"删除单元格"命令

2. 在 WPS 文字中，若要删除表格中的某单元格所在行，则应选择"删除单元格"对话框中（　　　）命令。

A. "右侧单元格左移"　　　　　　　　B. "下方单元格上移"

C. "整行删除"　　　　　　　　　　　D. "整列删除"

3. 表格中，单元格的对齐方式有（　　　）种。

A. 4　　　　　　　B. 5　　　　　　　C. 8　　　　　　　D. 9

4. 在 WPS 文字中，当选定表格再按 Delete 键后，（　　　）。

A. 表格中的内容全部删除，但表格还存在　　B. 表格和内容全部被删除

C. 表格被删除，但表格中的内容未被删除　　D. 表格中的内容和表格都没被删除

5. 在 WPS 文字的编辑状态下，利用下列哪个选项卡中的命令可以插入表格？（　　　）

A. "开始"选项卡　　　　　　　　　　B. "引用"选项卡

C. "引用"选项卡　　　　　　　　　　D. "插入"选项卡

6. 在 WPS 文字的表格编辑中，不能进行的操作是（　　　）。

A. 删除单元格　　　B. 旋转单元格　　　C. 插入单元格　　　D. 合并单元格

7. 在 WPS 文字的表格编辑中，当光标在某一单元格内时，按（　　　）键可以将光标移到下一个单元格。

A. Ctrl　　　　　　B. Shift　　　　　　C. Alt　　　　　　D. Tab

8. 在 WPS 文字中为所选单元格设置斜线表头，最优的操作方法是（　　　）。

A. 插入线条形状　　　B. 自定义边框　　　C. 绘制斜线表头　　　D. 拆分单元格

9. 在 WPS 文字的表格编辑中，快速拆分表格应按（　　　）组合键。

A. "Ctrl + Enter"　　B. "Shift + Enter"　　C. "Ctrl + Shift + Enter" D. "Alt + Enter"

10. 在 WPS 文字的编辑状态下，设置了由多个行和列组成的表格，如果选中一个单元格，再按 Del 键，则（　　　）。

A. 删除该单元格所在行　　　　　　　B. 删除该单元格的内容

C. 删除该单元格，右方单元格左移　　　D. 删除该单元格，下方单元格上移

二、简答题

1. 在文档中插入表格的方法有哪些？

2. 在表格中如何合并单元格？

项目 6

WPS文字中长文档的编排

项目概述

在日常工作中，经常会遇到给长文档排版的情况，少则几页，多达几十页、上百页。长文档包括法律、法规、政策性文件、招标书、投标书、项目计划书、产品说明书、员工手册、毕业论文等。对于这类内容较多的长文档，WPS Office 2019 提供了样式、模板、审阅、批注、格式化封面、自动生成目录等功能，极大地提高了长文档的编排效率。

知识目标

➢ 运用样式编排文档；
➢ 制作页眉和页脚；
➢ 制作目录与封面；
➢ 设置分隔符；
➢ 邮件合并。

技能目标

➢ 能综合运用 WPS 文字的各个知识点完成长文档排版；
➢ 能将数据源合并到主文档，实现邮件合并功能；
➢ 能正确评价作品。

素质目标

➢ 培养学生掌握自主发现、自主探索的学习方法；
➢ 培养学生在学习中反思、总结、精益求精的品质；
➢ 培养学生掌握协作学习的技巧，学会与他人合作沟通；
➢ 培养学生具有强烈的社会责任心；
➢ 坚定学生的理想信念。

任务 6.1　制作《公司文化手册》

第一部分　知识学习

课前引导

在实际工作中，常常需要编辑一些长文档，如规章制度、说明书、论文、书籍以及合同等，其中涉及大量标题和正文段落格式的设置，使用常规方法非常烦琐。此外，对于长文档，常常还需要制作目录和封面，以及设置页眉、页脚和页码等。

《公司文化手册》是一篇较为规范的文档。本任务是为该文档制作封面和目录，以使文档结构更加完善。

任务描述

通过制作《公司文化手册》，学会创建及应用样式、修改和删除样式、设置分节符、设置页眉和页脚、保存模板等知识点。通过各知识点的综合应用，完成长文档的编排。

任务目标

(1) 掌握创建及应用样式的方法；

(2) 掌握修改和删除样式的方法；

(3) 掌握设置分节符的方法；

(4) 掌握设置页眉、页脚的方法；

(5) 掌握制作目录及封面的方法。

【样张 6.1】

活动 1　运用样式编排长文档

在编排长文档时，往往需要对许多段落应用相同的文本和段落格式，此时可以使用样式快速设置段落格式，从而避免大量重复性的操作。

1. 应用内置样式

样式包括字符样式和段落样式，字符样式的设置以单个字符为单位，段落样式的设置以段落为单位。样式是特定格式的集合，它规定了文本和段落的格式，并以不同的样式名称标记。通过样式可以简化操作、节约时间，还有助于保持整篇文档的一致性。WPS Office 2019 内置多种标题和正文样式，用户可以根据需要应用这些内置的样式。

Step 1：定位光标。 打开素材"D:\素材\公司文化手册素材.wps"，选中要应用样式的文本或将光标定位到要应用样式的段落内。

Step 2：应用样式。 ①选择"开始"选项卡；②单击"标题1"按钮，如图6-1所示。

Step 3：完成效果。 同理，选中要应用样式的其他文本，例如"1.报到"，然后单击"标题2"按钮即可。样式应用效果如图6-2所示。

图 6-1 应用样式　　　　　　　　　　图 6-2 样式应用效果

2. 自定义样式

当内置样式不能满足应用需求时，用户还可以自行新建样式。

Step 1：打开"样式"窗格。 ①选择"开始"选项卡，单击"预设样式"窗格下拉按钮；②选择"新建样式"选项，如图6-3所示。

Step 2：设置新建样式。 弹出"新建样式"对话框，设置样式名称为"手册标题1"，格式设置为黑体、三号、居中、加粗，如图6-4所示。

图 6-3 选择"新建样式"选项　　　　图 6-4 "新建样式"对话框

Step 3：选择"段落"选项。 单击左下角的"格式"下拉按钮，在弹出的下拉列表中选择"段落"选项。

Step 4：设置段落样式。 ①弹出"段落"对话框，在"常规"区域设置"对齐方式"为

"居中对齐"，"大纲级别"为"1 级"；②在"间距"区域分别设置"段前"和"段后"均为"0.5 行"，单击"确定"按钮，如图 6 - 5 所示。

Step 5：浏览效果。　返回"新建样式"对话框，在中间区域浏览效果，单击"确定"按钮，如图 6 - 6 所示。

图 6 - 5　设置段落样式

图 6 - 6　浏览效果

3. 应用样式

创建自定义样式后，用户就可以根据需要将自定义样式应用至其他段落。应用样式的方法很简单，首先把光标移到要设置样式的文本或者选择要设置样式的文本，然后在"开始"选项卡的"样式"窗格中选择所要的样式即可。

4. 修改删除样式

当样式不能满足编辑需求或者需要改变文档的样式时，可以修改样式。如果不再需要某个样式，可以将其删除。

1）修改样式

Step 1：选择"修改样式"选项。　①选择"开始"选项卡，选择"预设样式"窗格中"手册正文"样式；②选择"修改样式"选项，如图 6 - 7 所示。

Step 2：在"修改样式"对话框中进行设置。　①弹出"修改样式"对话框，更改字体为宋体，字号为小四；②单击"确定"按钮，如图 6 - 8 所示。

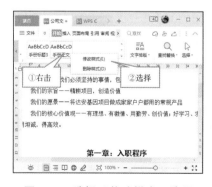

图 6 - 7　选择"修改样式"选项

图 6 - 8　"修改样式"对话框

2）删除样式

选择一个要删除的样式，如"笔记正文"样式，右击，在弹出的下拉列表中选择"删除样式"选项。

> **提示：**
>
> 当文档中有多个样式相同的段落时，除了可以在"样式"窗格中依次为各个段落应用样式外，还可以使用格式刷快速复制样式。方法为：将光标定位到样本段落中，在"开始"选项卡中单击"格式刷"按钮，此时光标将变为 形状，单击要复制样式的段落，即可快速复制样式。
>
> 如果希望连续应用格式刷，可以双击"格式刷"按钮，然后依次单击要复制样式的段落，使用后按 Esc 键即可。

活动2 设置分隔符

1. 插入分页符

当文档内容填满一页时，文档会自动开始新的一页，但是在一些特殊情况下，用户可以在文档中插入分页符，在某个特定的位置强制分页。

Step 1：定位光标。 将光标置于要插入分页符的位置，例如将光标置于"第二章、职场纪律"前。

Step 2：选择"分页符"选项。 ①单击"插入"选项卡中的"分页"下拉按钮；②选择"分页符"选项，如图 6-9 所示。

Step 3：另起一页显示。 同理操作其他章分页，分页效果如图 6-10 所示。

图 6-9 选择"分页符"选项

图 6-10 另起一页显示

2. 插入分节符

编辑文档时，WPS 文字是将整个文档作为一个大章节来处理，如果想在文档的不同部分采用不同的格式，比如设置不同的页眉、页脚或页边距等，就需要用分节符将整篇文档分割成几节，分节后就可以单独设置每节的格式或版式，从而使文档的排版和编辑更加灵活。

Step 1：定位光标。 将光标置于要插入分节符的位置。

Step 2：选择"分节符"选项。 ①单击"插入"选项卡中的"分页"下拉按钮；②在弹出的下拉列表的"分节符"栏中选择一种分节方式。

活动3　插入页眉、页脚

页眉和页脚作为文档的辅助内容，在文档中的作用非常重要。页眉是指页边距的顶部区域，通常显示文档名、章节标题等信息。页脚是页边距的底部区域，通常用于显示文档页码。

1. 编辑页眉、页脚

Step 1：插入页眉、页脚。　只需双击页眉或页脚区域，即可进入页眉和页脚编辑状态，此时光标将定位到页眉或页脚中。

Step 2：编辑页眉、页脚。　在页眉或页脚区域输入需要的内容。页眉和页脚的编辑方法同正文一样，除了可以输入文字信息，还可以插入图片、文本框和形状等对象，如图6－11所示。

Step 3：页眉、页脚选项。　单击"页眉页脚"选项卡中的"页眉页脚选项"按钮，将弹出"页眉/页脚设置"对话框，若勾选"首页不同"复选框，可以分别对文档的第1页和其他页设置不同的页眉和页脚；若勾选"奇偶页不同"复选框，可以分别对奇数页和偶数页设置不同的页眉和页脚，如图6－12所示。

Step 4：退出页眉、页脚编辑状态。　页眉和页脚编辑完成后，可双击正文编辑区域或单击"页眉和页脚"选项卡中的"关闭"按钮退出页眉、页脚编辑状态。

图6－11　编辑页眉

图6－12　"页眉/页脚设置"对话框

提示：

"奇偶页不同"复选框一般用于图书、杂志等需要对页装订的文档，此时可以分别对奇数页和偶数页设置不同的页眉和页脚。例如奇数页页眉通常显示章节名，而偶数页页眉通常显示书名；奇数页页码通常位于文档右下角，而偶数页页码通常位于文档左下角。

（1）页眉横线：单击该按钮，可以在打开的下拉列表中选择页眉横线样式。

（2）图片：单击该按钮，可以在页眉或页脚中插入图片。

（3）页眉页脚切换：单击该按钮，可以在页眉和页脚之间切换。

（4）页眉顶端距离：该数值框用于设置页眉光标所在位置距离页面顶端的距离。

（5）页脚底端距离：该数值框用于设置页脚光标所在位置距离页面底端的距离。

（6）日期和时间：单击该按钮，可以在页眉或页脚中插入当前日期和时间。

2. 插入页码

如果一篇文档含有很多页，为了打印后便于整理和阅读，应为文档添加页码。

Step 1：插入页眉、页脚。 只需双击页眉或页脚区域，即可进入页眉和页脚编辑状态，此时光标将定位到页脚中。

Step 2：插入页码。 ①单击"页眉页脚"选项卡中的"页码"下拉按钮；②在弹出的下拉列表中选择"页脚右侧"样式，如图 6 – 13 所示。

Step 3：编辑页码。 ①单击"页码设置"按钮；②在弹出的窗口中选择样式" – 1 – ， – 2 – ， – 3 – "；③单击"确定"按钮，如图 6 – 14 所示。

图 6 – 13　插入页码

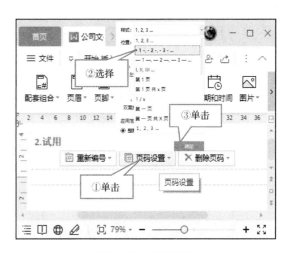

图 6 – 14　设置页码

提示：

插入页码后，在页码上方将显示"重新编号""页码设置"和"删除页码"3 个按钮。其中，单击"重新编号"按钮，可以重新设置该页的起始页码；单击"页码设置"按钮，在弹出的窗口中可以设置页码的样式和位置；单击"删除页码"按钮，可以根据需要删除页码。

活动 4　设置封面

对于个人简历、毕业论文、策划书或者投标书等文档来说，一个好的封面对于文档的专业性和美观性都非常重要。封面设计是一项比较专业的技能，因此对于初学者来说，可以先使用文档内置的封面模板，快速完成封面的制作。

Step 1：插入封面页。 ①将光标定位到文档开头，选择"章节"选项卡；②单击"封面页"下拉按钮，在弹出的下拉列表中选择需要的封面样式（这里选择第四个选项），如图 6 – 15 所示。

Step 2：编辑封面页。 插入封面页后，根据模板提示修改相关内容即可。封面效果如图 6 – 16 所示。

图 6-15　插入封面页　　　　　　　图 6-16　封面效果

活动 5　插入目录

目录是长文档中不可缺少的部分。目录有助于读者了解文档的基本结构。WPS Office 2019 提供了根据文档章节自动生成目录的功能,避免了手工编制目录烦琐和容易出错的缺陷,而且在修改文档而使页码变动时,可以更新目录。

1. 插入目录

目录是文档标题和对应页码的集中显示,而制作文档目录的过程就是对文档标题的提取过程。在插入目录前,需要先对文档中各章节应用标题级别样式,如"标题 1""标题 2"样式等。

Step 1:插入自动目录。　①将光标定位于第 2 页页首位置,选择"引用"选项卡;②单击"目录"下拉按钮,在弹出的下拉列表中选择一种自动目录样式即可,如图 6-17 所示。

Step 2:选择"自定义目录"命令。　执行上述操作后,目录将被插入文档,如果对文档自动生成的目录不满意,还可以在"目录"下拉列表中选择"自定义目录"命令,在弹出的"目录"对话框中进行更详细的设置,如图 6-18 所示。

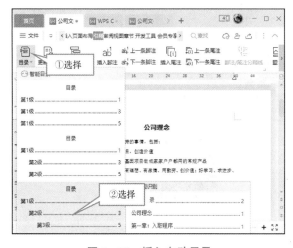

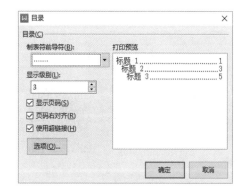

图 6-17　插入自动目录　　　　　　图 6-18　"目录"对话框

> **提示:**
> 　　插入的自动目录实际上是一个域,在按住 Ctrl 键的同时,将鼠标指针移到目录上,指针将变成小手形状,单击目录上的某一条目,将跳转到文中相应的部分。

2. 编辑和更新目录

插入目录后,可以编辑目录各级标题的字体与段落格式,其方法与普通文字的格式设置方法相同。

Step 1: 设置目录字体格式。　选择目录文本,根据需要设置目录的字体格式。

Step 2: 更新目录。　如果文档中的标题被修改或者页码发生了变化,需要同步更新目录。①单击插入的目录,在左上角将出现一个"更新目录"按钮;②弹出"更新目录"对话框,在其中选择"只更新页码"选项;③单击"确定"按钮,如图 6－19 所示。

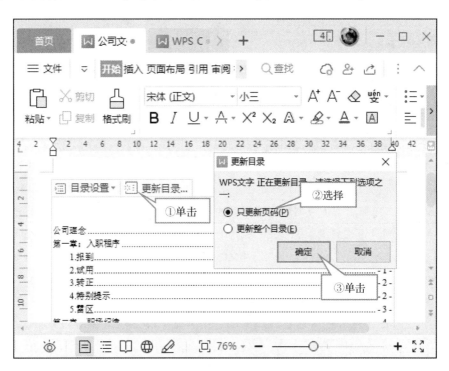

图 6－19　更新目录

素材下载及重难点回看

素材下载

重难点回看

第二部分　任务工单

任务编号：WPS-6-1	实训任务：毕业论文排版	日期：
姓名：	班级：	学号：

一、任务描述

打开"D:\素材\毕业论文.wps"文档，并另存为"D:\wps\毕业论文.wps"，完成后效果如【任务样张6.1】所示。

二、【任务样张6.1】

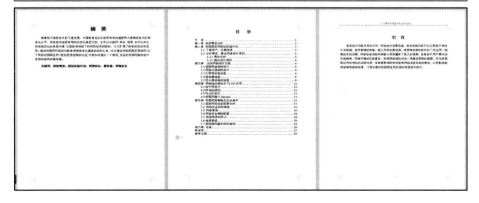

任务编号：WPS－6－1	实训任务：毕业论文排版	日期：
姓名：	班级：	学号：

三、任务实施

排版论文格式规范如下。

（1）论文用纸一律为 A4 纸，纵向排列。

（2）页面设置：左、右下边距为 2 厘米，上边距为 2.6 厘米，装订线在左侧 0.5 厘米，页眉和页脚均为 1.5 厘米。

（3）页眉和页码设置：页眉从绪论开始到最后一页，在每页的最上方，用 5 号楷体，居中排列，有页眉横线，页眉为 "18 计算机网络专业毕业论文"；页码从绪论开始插入，居中排列。

（4）字符间距设置为 "标准"，段落行距设置为 "固定值 20 磅"。

（5）论文装订顺序如下：封面、诚信声明、任务书、开题报告、摘要、目录、正文、致谢、参考文献。

（6）正文用宋体小四号。

（7）每一章另起页排版。章节采用三级标题，用阿拉伯数字连续编号，例如 1，1.1，1.1.1。章名为一级标题，首行居中，章名用黑体小二号，段前 6 磅，段后 12 磅。二级标题段前、段后各 6 磅，二级标题用宋体四号，左对齐。三级标题段前、段后各 6 磅，三级标题用黑体小四号，左对齐。

（8）参考文献另起一页。与正文连续编排页码，"参考文献" 标题居中，用黑体小二号，段前 6 磅，段后 12 磅。著录内容应符合国家标准，主要格式如下：

期刊：［序号］作者（用逗号分隔）. 题名. 刊名，出版年，卷号：（期号），起始页码－终止页码.

书籍：［序号］作者（用逗号分隔）. 书名. 版本号，出版地：出版者，出版年.

论文集：［序号］作者（用逗号分隔）. 题名. 见（英文用 In）：主编. 论文集名. 出版地：出版者，出版年，起始页码－终止页码.

四、任务执行评价

序号	考核指标	所占分值	备注	得分
1	任务完成情况	30	在规定时间内完成并按时上交任务单	
2	成果质量	70	按标准完成，或富有创意，进行合理评价	
总分				

指导教师：

日期：　　年　　月　　日

工单素材　　　　　　　　扫码下载任务单

任务 6.2　批量制作荣誉证书

第一部分　知识学习

课前引导

在第三届职业教育周"WPS Office 2019 办公软件技能大赛"中涌现出很多优秀的选手，现要为 20 个选手颁发荣誉证书，以资鼓励。

本任务学习如何利用 WPS Office 2019 批量制作荣誉证书。

任务描述

在文字信息处理工作中，常会遇到某些文档的主要内容相同，但具体数据有所变化的情况，比如准考证、荣誉证书、录取通知书、邀请函等。这类文档重复率高，工作量大，逐个编辑或复制修改烦琐。WPS Office 2019 提供了邮件合并功能，减少了重复编辑的工作量，提高了办公效率。

本任务是利用邮件合并功能批量制作荣誉证书。

任务目标

（1）掌握创建主文档的方法；

（2）掌握数据源合并到主文档的方法；

（3）掌握保存文档的方法；

（4）掌握打印荣誉证书的方法。

【样张 6.2】

活动1　邮件合并

邮件合并是将一个文件中的信息插入另一个文件，将可变的数据源和一个标准的文本档结合。

1. 建立主文档

主文档具有固定不变的主题内容，创建文档"D:\WPS\主文档.wps"。

Step 1：页面设置。　页面设置为 B5 纸，方向为横向，上、下、左、右边距各为 3 厘米。

Step 2：字体格式设置　"荣誉证书"为隶书、初号字、加粗、居中对齐，"同学"为首行无缩进、楷体、小一号字，正文格式为首行缩进 2 字符、楷体、二号字、行间距 1.5 倍。

Step 3：主文档设置效果 主文档设置效果如图 6-20 所示。

2. 创建及导入数据源文件

数据源文件包含要合并到主文档中的数据信息。

1）创建数据源文件

创建文档"D：\WPS\获奖结果.wps"，如图 6-21 所示。

2）导入数据源文件

Step 1：打开"邮件合并"功能。 ①在 WPS 文字的功能搜索文本框中输入"邮件"；②选择"邮件合并"→"邮件"选项，如图 6-22 所示。

Step 2：打开数据源。 ①单击"邮件合并"选项卡中的"打开数据源"按钮；②在打开的"选取数据源"对话框中，"文件类型"选择"所有文件"，选择"D：/WPS/获奖结果.wps"文件；③单击"打开"按钮，如图 6-23 所示。

序号	姓名	奖项
1	袁玉珍	一等奖
2	刘紫云	三等奖
3	钟 瑶	一等奖
4	黄佳佳	三等奖
5	邹 梦	一等奖
6	张小涵	三等奖
7	陈思思	二等奖
8	廖小典	三等奖
9	张佳蕊	三等奖
10	袁 奕	二等奖
11	周云伟	三等奖
12	程雨舒	一等奖
13	宋天蔚	二等奖
14	周子玉	三等奖
15	彭 怡	二等奖
16	帅小毅	一等奖
17	尹 芳	二等奖
18	万 睿	三等奖
19	吴敏娜	三等奖
20	欧阳雨晨	二等奖

图 6-21 数据源文件

图 6-22 打开"邮件合并"功能

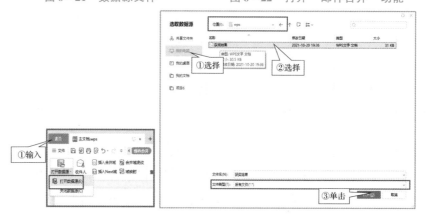

图 6-23 打开数据源

3. 插入合并域

当把数据表格导入主文档后，需要将表格中的各项数据以域的方式插入荣誉证书的相应位置，以方便后面批量生成荣誉证书。

Step 1：插入"姓名"。　①将光标定位到需要插入同学姓名的地方，单击"邮件合并"选项卡中的"插入合并域"按钮；②打开"插入域"对话框，选择"姓名"选项；③单击"插入"按钮，即可将这个域插入姓名位置，如图 6 - 24 所示。

Step 2：完成效果。　同理，插入"奖项"，完成效果如图 6 - 25 所示。

图 6 - 24　插入姓名

图 6 - 25　插入合并域效果

4. 完成邮件合并

Step 1：合并到新文档。　①单击"邮件合并"选项卡中的"合并到新文档"按钮；②弹出"合并到新文档"对话框，选择"全部"选项，表示将表格中所有记录的同学信息都生成荣誉证书；③单击"确定"按钮，如图 6 - 26 所示。

Step 2：查看效果。　此时生成了一个新的文档，文档中包含了表格中 20 位同学的荣誉证书，如图 6 - 27 所示。

Step 3：保存文件。　将文件保存为"荣誉证书 . wps"。

图 6 - 26　合并到新文档

图 6 - 27　邮件合并效果

活动2 文档打印

在正式打印之前，先要进行打印预览。如果对预览效果不满意，还可以重新设置文档，从而避免纸张和时间的浪费。文档预览满意后，即可对文档进行打印。

1. 打印预览

单击"文件"选项卡中的"打印"选项，选择"打印预览"命令，进入打印预览状态，如图 6-28 所示，如果发现文档有问题，可单击左上角的"返回"按钮或 Esc 键，返回编辑状态继续修改。

图 6-28 "打印预览"窗口

2. 打印文档

预览满意后，用户就可以将文档打印出来。在"打印预览"选项卡中单击"直接打印"下拉按钮，在弹出的选项中选择"打印"命令即可，如图 6-29 所示。

图 6-29 选择"打印"命令

素材下载及重难点回看

素材下载

重难点回看

第二部分　任务工单

任务编号：WPS-6-2	实训任务：批量制作邀请函	日期：
姓名：	班级：	学号：

一、任务描述

创建文档，保存为"D:\wps\邀请函.wps"，完成后效果如【任务样张6.2】所示。

二、【任务样张6.2】

邀请函

——网络创业交流会

尊敬的王玉老师：

校学生会定于 2020 年 10 月 10 日，在本校大礼堂举办"大学生网络创业交流会"的活动，特邀请您为我校学生进行指导和培训。

您到会场后的座次如下：

座次：1 大厅 2 排 12 号座位

校学生会：外联部

2020 年 10 月 1 日

三、任务实施

1. 创建主文档（页面大小为 B5，横向，上、下、左、右页边距各为 2 厘米）。

邀请函

——网络创业交流会

尊敬的老师：

校学生会定于 2020 年 10 月 10 日，在本校大礼堂举办"大学生网络创业交流会"的活动，特邀请您为我校学生进行指导和培训。

您到会场后的座次如下：

座次：

校学生会：外联部

2020 年 10 月 1 日

续表

任务编号：WPS-6-2	实训任务：批量制作邀请函	日期：
姓名：	班级：	学号：

2. 创建数据源文件。

序号	受邀人姓名	座次
1	王玉	1大厅2排12号座位
2	张天云	2大厅1排18号座位
3	刘雯	1大厅3排12号座位
4	赵志东	3大厅2排1号座位
5	李红梅	6大厅2排3号座位
6	韩小云	1大厅2排6号座位
7	冉秦	4大厅4排19号座位
8	王宏	1大厅2排4号座位
9	刘玉玺	1大厅1排6号座位
10	张小田	2大厅2排12号座位
11	赵东强	3大厅3排4号座位
12	李梦梦	3大厅2排8号座位

3. 插入合并域。

4. 合并到新文档。

四、任务执行评价

序号	考核指标	所占分值	备注	得分
1	任务完成情况	30	在规定时间内完成并按时上交任务单	
2	成果质量	70	按标准完成，或富有创意，进行合理评价	
总分				

指导教师：

日期： 年 月 日

工单素材   扫码下载任务单

知识测试与能力训练

一、单项选择题

1. 在 WPS 文字中，关于页码的叙述错误的是（　　　）。

A. 对文档设置页码时，第一页可以不设置页码

B. 文档的不同节可以设置不同的页码

C. 删除某页的页码，将自动删除整篇文档的页码

D. 只有该文档为一节或节与节之间的连接没有断开时，选项 C 才正确

2. 在 WPS 文字中，下面对分节的描述不正确的是（　　　）。

A. 插入分节符后文档内容不能从下页开始

B. 每一节可根据需要设置不同的页面格式

C. 默认方式下 WPS 文字将整个文档视为一节

D. 可以根据需要插入不同的分节符，如不同部分下一页、连续、偶数页、奇数页开始

3. 一篇文档中需要插入分节符时，可使用（　　　）选项卡中的"分隔符"按钮。

A. "插入"　　　　　　　　　　　　B. "引用"

C. "页面布局"　　　　　　　　　　D. "开始"

4. 一篇文档中有三部分内容，包括纸张大小、页眉、页脚等在内的排版格式统一，要求打印出来时每部分之间要分页，则最好插入（　　　）进行分割。

A. 2 个分节符　　　　　　　　　　B. 2 个分页符

C. 1 个分页符　　　　　　　　　　D. 1 个分节符

5. 对文档排版之前，若需要查看段落标记和其他隐藏的格式符号，可以单击（　　　）选项卡中的"显示/隐藏编辑标记"按钮。

A. "开始"　　　　B. "文件"　　　　C. "引用"　　　　D. "页面布局"

6. 使用文字撰写包含若干章节的长篇论文时，若要使各章内容自动从新的页面开始，最优的操作法是（　　　）。

A. 将每章标题指定为标题样式，并将样式的段落格式修改为"段前分页"

B. 依次将每章标题的段落格式设置为"段前分页"

C. 在每章结尾处插入一个分页符

D. 在每章结尾处连续按 Enter 键使插入点定位到新的页面

二、简答题

1. 在文档中如何设置分隔符？

2. 如何为文档添加批注？

第三部分　WPS表格

项目 **7**

WPS表格的编辑与数据计算

项目概述

WPS 表格是 WPS Office 2019 办公组件之一，使用 WPS 表格可以制作电子表格，对表格中的数据进行处理、分析及数据预测。熟练掌握 WPS 表格的操作方法，能更高效、更精确地对数据进行计算和分析。

本项目通过制作"2020 年残奥会奖牌榜"和"学生成绩表"表格，介绍 WPS 表格的创建与保存、编辑及计算。通过学习，读者可以掌握使用 WPS 表格创建和编辑电子表格的知识，为深入学习 WPS 表格的知识奠定基础。

知识目标

➢ 创建与保存工作簿；
➢ 输入表格数据；
➢ 设置表格格式；
➢ 简单函数应用；
➢ 制作"2020 年残奥会奖牌榜""学生成绩表"表格。

技能目标

➢ 会制作简单的表格；
➢ 能美化表格；
➢ 能对表格数据进行处理。

素质目标

➢ 培养不断学习新知识、接受新事物的创新能力；
➢ 培养正确的思维方法和工作方法；
➢ 培养发现问题、解决问题的可持续发展能力；
➢ 激发学生的爱国热忱；
➢ 发扬迎难而上、不屈不挠的奥林匹克精神。

任务 7.1　创建"2020 年残奥会奖牌榜"表格

第一部分　知识学习

课前引导

　　在实际生活中，可能有大量的数据需要用表格记录下来，对此可以用什么软件？怎么录入？怎么编辑？这就是本任务需要了解的内容。

任务描述

　　在日常工作、学习和生活中，有时会用到大量的数据，为了更好地对这些数据进行分析、处理，可以用 WPS Office 2019 来完成相关任务。本任务要求利用 WPS 表格制作"2020 年残奥运会奖牌榜"表格，奖牌榜的变化可以清晰地反映我国综合国力的提升。

任务目标

(1) 掌握创建工作簿、工作表的方法；
(2) 掌握数据录入方法；
(3) 掌握保存和关闭工作簿、工作表的方法。

【样张 7.1】

	A	B	C	D	E	F
1	编号	国家/地区	金牌	银牌	铜牌	总计
2	1	中国	96	60	51	207
3	2	英国	41	38	45	124
4	3	美国	37	36	31	104
5	4	俄罗斯	36	33	49	118
6	5	荷兰	25	17	17	59
7	6	乌克兰	24	47	27	98
8	7	巴西	22	20	30	72
9	8	澳大利亚	21	29	30	80
10	9	意大利	14	29	26	69
11	10	阿塞拜疆	9	18	12	39

活动 1　创建、保存和关闭工作簿

1. 创建工作簿

Step 1：启动 WPS Office 2019。 用鼠标双击桌面上的 WPS Office 2019 快捷图标　或单击"开始"菜单，选择"所有程序"→"WPS Office"命令来启动 WPS Office 2019。

Step 2：新建工作簿。 WPS Office 2019 启动完成后，在主界面中单击"新建"按钮，如图 7-1 所示。进入"新建"页面，在窗口上方选择要新建的程序类型"表格"，如图 7-2 所示，选择后单击下方的"+"按钮，即出现自动命名为"工作簿 1"的文件。

2. 保存工作簿

在建立文件后，为了方便以后使用，可以先将其保存。

图 7-1 单击"新建"按钮

图 7-2 新建工作簿

Step 1：单击"保存"按钮。 单击工具栏中的"保存"按钮 ⬜ 。

Step 2：在"另存文件"对话框中进行设置。 在"另存文件"对话框中，输入文件的保存位置及文件名，如将文件名设置为"2020年残奥会奖牌榜"，最后单击"保存"按钮即可。

3. 关闭工作簿

保存工作簿后，如果暂时不使用该文件，可以关闭该工作簿。单击当前工作簿名称右侧的"关闭"按钮 ✖ 即可。

活动 2 创建"2020 年残奥会奖牌榜"表格

创建一个空白工作簿后，工作簿中有一个默认名为"Sheet1"的工作表，工作表由多行和多列交叉组成。工作表的行号由数字构成，列号由字母构成，任一行和任一列的交叉点称为一个单元格，如图 7-3 所示。可以对工作表进行重命名、添加、删除以及在其中录入数据等操作。

1. 工作表重命名

Step 1：选择"重命名"命令。 右击工作表名"Sheet1"，选择快捷菜单中的"重命名"命令，如图 7-4 所示。

Step 2：输入新表名。 此时"Sheet1"呈蓝色高亮显示，输入工作表的新名称，如"2020年残奥会奖牌榜"。

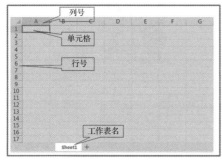

图 7-3 工作表

图 7-4 选择"重命名"命令

2. 添加新工作表

单击工作表名后的"+"按钮即可添加一张新工作表，如图 7-5 所示。

3. 删除工作表

右击工作表名，选择快捷菜单中的"删除工作表"命令，如图 7-6 所示。

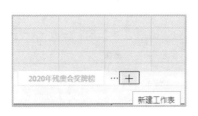

图 7-5　添加新工作表　　　　图 7-6　删除工作表

4. 录入数据

新建工作簿、工作表后，就可以录入数据了，录入数据时要注意数据的类型。

Step 1：在 A1 单元格中输入数据。　将光标插入符放到 A1 单元格中，输入"编号"。

Step 2：在 A2～A16 单元格中输入"1"～"15"。　在 A2 单元格中输入"1"，在 A3 单元格中输入"2"，选定 A2：A3 单元格区域，单击自动填充柄并拖动至 A11 单元格，如图 7-7 所示。

Step 3：在其他各单元格中输入数据。　按照 Step 1 的方法输入其他数据，如图 7-8 所示。

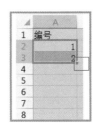

图 7-7　自动填充柄

编号	国家/地区	金牌	银牌	铜牌	总计
1	中国	96	60	51	207
2	英国	41	38	45	124
3	美国	37	36	31	104
4	俄罗斯残奥	36	33	49	118
5	荷兰	25	17	17	59
6	乌克兰	24	47	27	98
7	巴西	22	20	30	72
8	澳大利亚	21	29	30	80
9	意大利	14	29	26	69
10	阿塞拜疆	9	18	12	39

图 7-8　在其他单元格中输入数据

素材下载及重难点回看

素材下载　　　　重难点回看

第二部分　任务工单

任务编号：WPS – 7 – 1	实训任务：制作"电器销售表"	日期：
姓名：	班级：	学号：

一、任务描述

创建"电器销售表"，录入数据，并保存为"D：\wps 表格\电器销售表 . xlsx"，完成后效果如【任务样张 7.1】所示。

二、【任务样张 7.1】

	A	B	C	D	E
1	销售部门	姓名	产品	数量	销售等级
2	销售一部	王磊	彩电	8	
3	销售一部	王磊	冰箱	5	
4	销售一部	王磊	洗衣机	6	
5	销售一部	王磊	空调	10	
6	销售一部	李华	彩电	7	
7	销售一部	李华	冰箱	6	
8	销售一部	李华	洗衣机	5	
9	销售一部	李华	空调	8	
10	销售二部	陈语	彩电	9	
11	销售二部	陈语	冰箱	4	
12	销售二部	陈语	洗衣机	7	
13	销售二部	陈语	空调	11	
14	销售二部	吴江	彩电	8	
15	销售二部	吴江	冰箱	7	
16	销售二部	吴江	洗衣机	6	
17	销售二部	吴江	空调	7	
18	销售三部	孙义天	彩电	5	
19	销售三部	孙义天	冰箱	6	
20	销售三部	孙义天	洗衣机	7	
21	销售三部	孙义天	空调	8	

三、任务实施

1. 新建表格。

2. 录入数据。

3. 保存文件。

四、任务执行评价

序号	考核指标	所占分值	备注	得分
1	任务完成情况	30	在规定时间内完成并按时上交任务单	
2	成果质量	70	按标准完成，或富有创意，进行合理评价	
总分				

指导教师：

日期：　　　年　　月　　日

工单素材

扫码下载任务单

任务 7.2　编辑、美化"2020 年残奥会奖牌榜"表格

第一部分　知识学习

课前引导

通过前一个任务的学习，同学们学会了如何创建一个表格，并在其中录入数据，但是想要把表格制作得更美观，就需要对表格进行格式化设置。

任务描述

在日常工作、学习和生活中，有时会用到大量的数据，为了更好地对这些数据进行分析、处理，可以用 WPS Office 2019 来完成。本任务要求利用 WPS 表格编辑和格式化"2020 年残奥会奖牌榜"表格，通过奖牌榜可以清晰地看出我国位居奖牌榜的第一名，这也突显了我国的综合国力。

任务目标

(1) 掌握选定单元格区域的方法；
(2) 掌握插入、删除行、列和单元格的方法；
(3) 掌握在工作表中输入数据的方法；
(4) 掌握单元格格式、表格样式的应用方法；
(5) 掌握条件格式的应用方法。

【样张 7.2】

编号	国家/地区	金牌	银牌	铜牌	总计
1	中国	96	60	51	
2	英国	41	38	45	
3	美国	37	36	31	
4	俄罗斯残奥队	36	33	49	
5	荷兰	25	17	17	
6	乌克兰	24	47	27	
7	巴西	22	20	30	
8	澳大利亚	21	29	30	
9	意大利	14	29	26	

2020 年残奥会奖牌榜

活动 1　编辑工作表

创建工作表输入数据后，可能需要对工作表进行修改，如修改单元格中的数据、插入单元格、合并单元格以及修改单元格的行高和列宽等。

1. 选择单元格区域

方法一：使用键盘选定单元格（区域）。

按键	功能
→、←、↑、↓	往相应方向移动一个单元格
Enter	下移一个单元格

按键	功能
Shift + Enter	上移一个单元格
Pageup/Pagedown	上移/下移一屏幕内容
Home	移至当前行的第一个单元格
Ctrl + Home	移至当前工作表的 A1 单元格
Ctrl + End	移至有内容区域的最右下角单元格
Ctrl + Shift + →	选定当前单元格至当前行中的有数据的最后一个单元格
Ctrl + Shift + ←	选定当前单元格至当前行中的有数据的最前一个单元格
Ctrl + Shift + ↑	选定当前单元格至当前列中的有数据的最上一个单元格
Ctrl + Shift + ↓	选定当前单元格至当前列中的有数据的最下一个单元格

方法二：使用鼠标选定单元格（区域）。

（1）选定单个单元格：单击选定该单元格。

（2）选定连续单元格区域。

方法1：鼠标操作。先选定单元格区域的第一个单元格，按下鼠标左键拖动到单元格区域的最后一个单元格，释放鼠标。

方法2：键盘操作。先选定单元格区域的第一个单元格，按住 Shift 键，再选定单元格区域的最后一个单元格。

（3）选定多个不连续的单元格：按住 Ctrl 键，用鼠标单击需要选定的单元格。

（4）选定整行或整列：把鼠标放在相应的行或列号上，当光标变成黑色箭头时单击。

2. 修改单元格中的数据

（1）通过鼠标双击单元格，进入编辑状态，在单元格中输入新数据；

（2）利用编辑栏：先选定要修改数据的单元格，再在编辑栏中输入新数据。

3. 插入行、列、单元格

输入数据后，审视数据时，可能发现遗漏了数据，此时可通过插入单元格、行或列的方法补充数据。

为"2020 年残奥会奖牌榜"表格插入标题行。

Step 1：选定插入行。 把鼠标放在第一行的行号上，当光标变成黑色箭头时单击。

Step 2：执行"插入"命令。 选定第一行后，右击，在快捷菜单中选择"插入"命令，行数默认值为1，如图 7 - 9 所示。

4. 合并单元格

在插入的第一行中，输入表格的标题"2020 年残奥会奖牌榜"。

Step 1：选定单元格区域。 按住鼠标左键拖动，选定要合并的单元格区域，如图 7 - 10 所示。

Step 2：执行"合并单元格"命令。 选定单元格区域后，单击"开始"选项卡中的"合并居中"按钮，然后选择下拉菜单中的"合并居中"选项，如图 7 - 11 所示。

Step 3：输入内容。 在合并的单元格中输入"2020 年残奥会奖牌榜"，如图 7 - 12 所示。

图7-9 执行"插入"命令

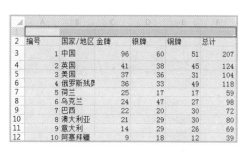

图7-10 选定单元格区域

图7-11 合并单元格

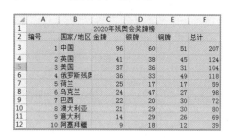

图7-12 输入表格标题

活动2 格式化工作表

编辑好工作表之后，为了让工作表更美观，能更清晰地查看数据，可以对工作表进行格式化设置，如调整表格外观、设置和调整单元格中的内容以及应用条件格式等。

1. 改变行高和列宽

为了有利于操作者将数据完整录入，也为了打印时取得更好的效果，可以调整表格的行高和列宽。

（1）把"2020年残奥会奖牌榜"的行高设置为25磅。

Step 1：选择"行高"命令。 选定要改变行高的区域，右击，在快捷菜单中选择"行高"命令，如图7-13所示。

Step 2：设置行高值。 在"行高"对话框中输入行高值"25"磅，单击"确定"按钮，如图7-14所示。

也可以通过"开始"选项卡中的"行和列"按钮设置行高以及列宽；如果行高没有要确定的值，还可以利用鼠标拖动行号之间的分隔线来改变行高。

（2）设置"代表团"所在列的列宽为9字符。

Step 1：选择"列宽"命令。 右击"代表团"所在的列号，选定要改变列宽的区域，在快捷菜单中选择"列宽"命令，如图7-15所示。

Step 2：设置列宽值。 在"列宽"对话框中输入列宽值"9"（字符），单击"确定"按钮，如图7-16所示。

2. 改变单元格中数据的字体、大小、颜色

在日常工作中，为了使表格美观或者突出表格中的某一部分，可以用不同的字体、大小或颜色来达到这一目的。

把"2020年残奥会奖牌榜"表格的标题设置为"红色、黑体、18磅"。

图 7 – 13　选择"行高"命令　　　　　图 7 – 14　设置行高值

图 7 – 15　选择"列宽"命令　　　　　图 7 – 16　设置列宽值

3. 设置表格边框

在制作表格时，调整单元格的边框线可以让工作表更加美观简洁，可以设置表格边框线。

例如：设置"2020 年残奥会奖牌榜"表格的外边框颜色为"浅绿、着色 6"，样式为粗线，内边框颜色为"自动"，样式为虚线。

Step 1：选定单元格区域。　选定 A1：F12 单元格区域。

Step 2：打开"单元格格式"对话框。　单击"开始"选项卡下字体格式中的 按钮，打开"单元格格式"对话框。

Step3：设置边框。　在"单元格格式"对话框中，选择"边框"选项卡，分别设置"外边框"（如图 7 – 17 所示）和"内部"边线（如图 7 – 18 所示）。

图 7 – 17　设置外边框　　　　　图 7 – 18　设置内部边线

Step 4：查看设置边框后的效果。 设置边框后的效果如图 7-19 所示。

4. 设置对齐方式

例如：设置"2020 年残奥会奖牌榜"表格中的数据居中对齐。

Step 1：选定单元格区域。 选定 A1：F12 单元格区域。

Step 2：打开"单元格格式"对话框。 单击"开始"选项卡下字体格式中的 ↵ 按钮，打开"单元格格式"对话框。

Step 3：设置对齐方式。 在"单元格格式"对话框中，选择"对齐"选项卡，分别设置"水平对齐"为"居中"，"垂直对齐"为"居中"，如图 7-20 所示。

5. 使用表格样式

在日常工作中，有时候需要快速设置单元格的各种格式，可以运用表格的样式功能，但如果系统内置的样式无法满足要求，就需要自己新建样式。

套用表格样式的方法如下。

设置"2020 年残奥会奖牌榜"表格样式为"表样式中等深浅 2"（标题行不设置）。

Step 1：选定单元格区域。 选定要套用表格样式的单元格区域如 A2：F12。

图 7-19 设置边框后的效果　　　图 7-20 "单元格格式"对话框

Step 2：选择"表格样式" 单击"开始"选项卡中的"表格样式"按钮，在"预设式"区域选择要使用的样式"中色系"，如图 7-21 中①所示，选择"表样式中等深浅 2"选项，如图 7-21 中②所示。

Step 3：在"套用表格样式"对话框中进行设置。 在弹出的"套用表格样式"对话框中，可以重新设置表数据的来源，选择"仅套用表格样式"选项，单击"确定"按钮即可，如图7-22 所示。

6. 设置条件格式

将"2020 年残奥会奖牌榜"表格中金、银、铜牌数值大于 30 的单元格设置为"黄填充色深黄色文本"。

Step 1：选定单元格区域。 选定 C3：E12 单元格区域。

Step 2：选择"大于"命令。 单击"开始"选项卡中的"条件格式"下拉按钮，在菜单中选择"突出显示单元格规则"→"大于"命令，如图 7-23 所示。

Step 3：在"大于"对话框中进行设置。 在"大于"对话框中进行设置，如图 7-24 所示。

图 7-21 选择表格样式

图 7-22 "套用表格样式"对话框

图 7-23 选择"大于"命令

图 7-24 "大于"对话框

Step 4：使用条件格式后的效果。 使用条件格式后的效果如图 7-25 所示。

A	B	C	D	E	F
	2020年残奥会奖牌榜				
编号	国家/地区	金牌	银牌	铜牌	总计
1	中国	96	60	51	
2	英国	41	38	45	
3	美国	37	36	31	
4	俄罗斯残奥队	36	33	49	
5	荷兰	25	17	17	
6	乌克兰	24	47	27	
7	巴西	22	20	30	
8	澳大利亚	21	29	30	
9	意大利	14	29	26	

图 7-25 使用条件格式后的效果

素材下载及重难点回看

素材下载

重难点回看

第二部分　任务工单

任务编号：WPS – 7 – 2	实训任务：编辑、美化"电器销售表"	日期：
姓名：	班级：	学号：

一、任务描述

通过插入、合并单元格，设置文本格式、表格样式、单元格样式，设置行高、列高、表格边框以及条件格式等，美化"电器销售表"，并保存在"D:\wps 表格\电器销售表.xlsx"中，完成后效果如【任务样张 7.2】所示。

二、【任务样张 7.2】

	A	B	C	D	E
1			电器销售表		
2	销售部门	姓名	产品	数量	销售等级
3	销售一部	王磊	彩电	8	
4	销售一部	王磊	冰箱	5	
5	销售一部	王磊	洗衣机	6	
6	销售一部	王磊	空调	10	
7	销售一部	李华	彩电	7	
8	销售一部	李华	冰箱	6	
9	销售一部	李华	洗衣机	5	
10	销售一部	李华	空调	8	
11	销售二部	陈语	彩电	9	
12	销售二部	陈语	冰箱	4	
13	销售二部	陈语	洗衣机	7	
14	销售二部	陈语	空调	11	
15	销售二部	吴江	彩电	8	
16	销售二部	吴江	冰箱	7	
17	销售二部	吴江	洗衣机	6	
18	销售二部	吴江	空调	7	
19	销售三部	孙义天	彩电	5	
20	销售三部	孙义天	冰箱	6	
21	销售三部	孙义天	洗衣机	7	
22	销售三部	孙义天	空调	8	

三、任务实施

1. 在列标题上插入一行，合并 A1：E1 单元格区域，输入标题"电器销售表"，设置文本格式为"宋体、红色、22 磅"。

任务编号：WPS – 7 – 2	实训任务：编辑、美化"电器销售表"	日期：
姓名：	班级：	学号：

2. 使用表格样式"中色系——表样式中等深浅 2"，列标题所在行使用单元格样式"强调文字颜色 6"。

3. 设置表格外边框为"黑色粗实线"，内边框为"黑色细实线"。

4. 使用条件格式，把销售量在 10 以上的单元格图案设置为红色填充，销售量为 7～9 的单元格设置为黄色填充。

5. 保存文件。

四、任务执行评价

序号	考核指标	所占分值	备注	得分
1	任务完成情况	30	在规定时间内完成并按时上交任务单	
2	成果质量	70	按标准完成，或富有创意，进行合理评价	
总分				

指导教师：

日期：　　年　　月　　日

工单素材

扫码下载任务单

任务7.3　计算"成绩表"表格

第一部分　知识学习

课前引导

通过前面任务的学习，同学们学会了创建工作表的方法，并对工作表进行了编辑及美化。表格最主要的是功能数据计算，因此只有掌握了基本的公式和函数用法，对 WPS 表格的学习才算入门。

任务描述

本任务要求利用 WPS 表格的数据计算功能，利用公式、函数来统计"成绩表"表格中的各个学生的总分、成绩等级，每门课程的总分、平均分，并对表格中的数据进行条件求和。

任务目标

(1) 掌握工作表的快速运算方法；

(2) 掌握单元格地址的三种引用方法；

(3) 掌握使用公式计算方法；

(4) 掌握常用函数的使用方法。

【样张7.3】

班级	性别	姓名	语文	数学	英语	政治	历史	地理	生物	总分	等级	排名
						成绩表						
1班	男	吴禧文	79	102	93	38	35	14	23	384	合格	5
2班	男	王民	74	104	97	42	32	24	19	392	优秀	2
3班	男	万林波	70	108	97	38	28	19	24	384	合格	5
1班	男	文年顺	70	100	90	41	22	19		342	合格	17
2班	男	熊浩	62	88	95	38	25	11	19	338	合格	18
3班	男	刘磊鑫	82	97	78	36	33	17	30	373	合格	12
1班	男	刘县扬	81	103	85	47	28	18	23	385	合格	4
2班	男	付华	81	93	88	48	18	18	22	388	合格	3
3班	男	尹伟俊	75	105	81	43	26	19	26	375	合格	11
1班	男	刘建明	75	99	69	36	36	21	16	352	合格	16
2班	男	钟立	73	110	81	41	25	19	21	370	合格	14
3班	男	白科学	59	103	71	11	24	15	21	304	合格	19
1班	男	傅庆同	55	106	82	40	33	25	13	354	合格	15
2班	女	胡青	80	91	91	36	32	24	24	378	合格	9
3班	女	李仁风	79	105	97	43	32	24	23	403	优秀	1
1班	女	李新怡	67	94	92	39	37	17	30	376	合格	10
2班	女	陈梦理	73	102	79	46	31	21	28	380	合格	8
3班	女	陈仲欣	73	100	89	37	32	25	25	381	合格	7
1班	女	黄文玥	70	89	87	50	30	17	29	372	合格	13
			1378	1899	1101	10			18			

活动1　统计"成绩表"

在实际生活中，经常要求总和、平均值、最大值、最小值等，这一系列问题都可以利用 WPS 表格的数据处理功能来解决。

1. 工作表中的快速计算

在日常工作和生活中，可以使用 WPS 表格的快速计算功能快速得到所需的结果。

1) 自动求和

利用快速计算功能计算"成绩表"中各同学的总分。

Step 1：选定单元格区域。　选定 K3：K21 单元格区域。

Step 2：单击"自动求和"按钮。　右击，在弹出的浮动工具栏中单击"自动求和"按钮，如图 7 – 26 所示。

图 7 – 26　"自动求和"按钮

2) 自动计算

WPS 表格除了能自动求和外，还可以自动求平均值、最大值、最小值等。

Step 1：选定单元格区域。　选定求值的单元格区域。

Step 2：执行相应的求值命令。　右击，在弹出的浮动工具栏中单击"自动求和"按钮下的按钮，如图 7 – 27 所示，在弹出的下拉菜单中选择相应的求值命令，如图 7 – 28 所示。

图 7 – 27　浮动工具栏　　　　　图 7 – 28　选择相应的求值命令

也可以通过"开始"选项卡中的"∑"按钮操作。

2. 使用公式计算

公式是指由运算符和操作数组成的式子。操作数可以是字符、数字，也可以是引用表格中的单元格（区域），公式必须以"="开头。

例如：

= 25 + 4	数值型数据运算
= "abc" & "cde"	字符型数据运算
= 1 + C4	引用单元格的值进行计算
= sum(C3:E3)	引用单元格区域的值进行计算

1) 运算符

运算符用于连接公式中的计算参数，WPS 表格中的运算符分为 4 种类型：算术运算符、比较运算符、文本运算符和引用运算符。

（1）算术运算符：可以完成基本的数学运算，见表 7 – 1。

（2）比较运算符：可以比较两个数值的大小，其结果是逻辑值，即 TRUE 或 FALSE，见表 7 – 2。

（3）文本运算符：只有"&"符号，用于将两个文本值连接或串起来产生一个连续的文本值，见表 7 – 3。

（4）引用运算符：常用的引用运算符有区域运算符"："、联合运算符","以及交叉运算符""（即空格），见表 7 – 4。

表 7 – 1　WPS 表格中的算术运算符

算术运算符	含义	示例
+	加法运算符	1 + 2
–	减法运算符	5 – 3
*	乘法运算符	4 * 6
/	除法运算符	8/5
^	乘方运算符	3^2
%	百分比	15%

表 7 – 2　WPS 表格中的比较运算符

比较运算符	含义	示例
=	等于	5 = 6
>	大于	8 > 5
<	小于	10 < 7
> =	大于等于	54 > = 33
< =	小于等于	D4 < = E4
< >	不等于	C3 < > C5

表 7 – 3　WPS 表格中的文本运算符

文本运算符	含义	示例
&	将两个文本值连接或串起来产生一个连续的文本值	"cde"&"123"

表 7 – 4　WPS 表格中的引用运算符

引用运算符	含义	示例
:	（区域运算符）对包括在两个引用单元格之间的所有单元格进行引用	C4:C12
,	（联合运算符）将多个引用合并为一个引用	SUM(C3:C4,E3:E4)
空格	（交叉运算符）产生两个引用区域共有的单元格区域	B7:D10 C6:C11

2）运算符的优先级

在公式的应用中，要注意运算符的优先级，见表 7 – 5。在一个公式中，对于优先级不同的运算符，按照优先级从高到低的顺序进行计算；对于优先级相同的运算符，按照从左到右的顺序进行计算。

表 7 – 5　WPS 表格中运算符的优先级

运算符	说明	优先级
：	区域运算符	1
空格	交叉运算符	
，	联合运算符	
–	负数	2
%	百分比	
^	乘方运算符	3
＊ 和/	乘和除运算符	4
＋ 和 –	加和减运算符	5
&	文本运算符	6
＝、＞、＜、＞＝、＜＝、＜＞	比较运算符	7

3）单元格引用和单元格引用分类

（1）单元格引用。

在 WPS 表格中可以通过单元格的地址引用单元格，单元格地址指单元格的行号与列标的组合，例如求 C3：J3 单元格值的和可以写成"＝C3 + D3 + ⋯ + J3"，也可以写成"＝sum(C3：J3)"。

（2）单元格引用分类

在计算数据表中的数据时，经常会通过复制或移动公式来实现，在复制或移动公式的过程中，单元格引用的方式不同，会造成运算结果的不同。单元格引用包括相对引用、绝对引用以及混合引用 3 种。

①相对引用。

相对引用是指把一个含有相对引用单元格地址的公式移动或复制到一个新的位置时，公式中相对引用的单元格地址会随之发生变化。如果多行或多列地复制公式，引用时会自动调整。在默认情况下，新公式使用相对引用。

例如，在 K3 单元格中输入公式"＝D3 + E3 + F3 + G3 + H3 + I3 + J3"，当把该公式复制到 K4 单元格中时，公式自动变为"＝D4 + E4 + F4 + G4 + H4 + I4 + J4"。

②绝对引用。

绝对引用是指无论引用单元格公式的位置是否改变，绝对引用的单元格始终保持不变。如果多行或多列地复制公式，绝对引用将不作调整。绝对引用的行号、列号前都要使用"＄"符号。

例如，在 K5 单元格中输入"＝＄D＄5 +＄E＄5 +＄F＄5 +＄G＄5 +＄H＄5 +＄I＄5 +＄J＄5"，将该公式复制到任一单元格中时，引用的都是＄D＄5：＄J＄5 区域。

③混合引用。

混合引用具有绝对列和相对行，或相对列和绝对行，如 ＄C3 或 C＄3。使用混合引用时，当把一个含有混合引用单元格地址的公式移动或复制到一个新的位置时，公式中相对引用的行或列会随之发生变化，而绝对引用的行或列则不改变。

例如，在 I3 单元格中输入公式“=B$3+C$3+D$3+E$3+F$3+G$3+H$3”，当把该公式复制到 J4 单元格中时，相对引用的列号会随之改变，而绝对引用的行号则不改变，因此公式变为“=C $3+D$3+E$3+F$3+G$3+H$3+I$3”。

4）输入公式

输入公式的方法为：选择要输入公式的单元格，在单元格或编辑栏中输入“=”，然后输入公式内容，完成后按 Enter 键或单击编辑栏上的输入按钮“√”即可。

如果要取消输入的公式，可以点击编辑栏中的取消按钮“×”。

5）公式的移动和复制

WPS 表格中公式的移动和复制与 WPS 文字中文本的移动和复制的方法是一样的。但值得注意的是，如果公式中使用了相对引用，当把公式移动或复制到别的单元格中时，相对引用的部分会发生变化。

3. 函数

表格处理的基本技能是统计分析，函数和表达式（公式）是计算和统计的基础，掌握了基本的公式和函数用法，WPS 表格才算入门。WPS 表格中函数是预先定义，用来执行分析等处理数据任务的特殊公式，使用函数可以更方便地完成数据计算。

对于函数的输入，以常用的求和函数 SUM( ) 为例，如果求 C3:E3 单元格区域的和，可以写成“=SUM(C3:E3)”。其中“=”是函数的开头，“SUM”是函数名，函数名决定了函数的功能和用途，函数名后写“( )”，括号里是函数运算的参数。

常用的函数类型及使用范例见表 7-6。

表 7-6　常用的函数类型及使用范例

函数类型	函数	使用范例
常用函数	SUM( )、AVERAGE( )、MAX( )、MIN( )、COUNT( )、IF( )、SUMIF( )	=MAX(B3:B21) 表示 B3:B21 单元格区域的最大值
财务函数	DB( )、FV( )、IPMT( )	=IPMT（利率，期数，总支付期数，现值） 表示基于固定利率及等额分期付款方式，计算给定期数内对投资的利息偿还额
日期与时间函数	DATE( )、DATEDIF( )、HOUR( )、MINIUTE( )、MONTH( )、WEEKDAY( )	=DATEDIF（开始日期，终止日期，比较单位） 表示两个日期之间相差的天数、月数或年数
数学与三角函数	ABS( )、COS( )、EXP( )、FLOOR( )、INT( )、MOD( )、POWER( )、RAND( )、SQRT( )、SUBTOTAL( )	=SQRT(16) 表示求 16 的正平方根
查找与引用函数	ADDRESS( )、AREAS( )、COLUMN( )、HLOOKUP( )、LOOKUP( )、ROW( )、VLOOKUP( )、MATCH( )、INDEX( )	=ROW(A5) 表示 A5 单元格所在的行号
逻辑函数	AND( )、OR( )、NOT( )、FALSE( )、TRUE( )、IF( )、IFERROR( )	=IF(I12>=390,"优秀","合格") 表示 I12 单元格的值大于等于 390 时返回“优秀”，否则返回“合格”

1）求和函数 SUM( )

例如，统计"成绩表"中各门课程的总分。

Step 1：选定存放结果的单元格。 首先单击需要显示语文总分的单元格（这里是 D22 单元格）。

Step 2：选择"求和"命令。 单击"开始"→"求和"按钮，或者"公式"→"自动求和"→"求和"按钮，WPS 表格会自动选取一个求和区域 D3：D21，如图 7–29 中①所示（也可拖动鼠标选择实际的求和区域），对应的编辑框中自动生成"＝SUM(D3：D21)"，表达式如图 7–29中②所示，然后按 Enter 键，D22 单元格中显示"1378"，如图 7–30 所示。

Step 3：填充其他单元格的值。 选定 D22 单元格，将鼠标移动到 D22 单元格右下角直到鼠标变成"＋"，按住鼠标左键向右拖动，系统会自动进行填充，求和表达式引用的单元格也自动进行相应递增，例如，E22 单元格的表达式为"＝SUM(E3：E21)"，值为"1899"，如图 7–31 所示。

| 图 7–29 求和 | 图 7–30 求和结果 | 图 7–31 填充其他单元格的值 |

SUM(数字 1,[数字 2],…)是最常用的函数，求区域内数字之和，求和区域可以是连续的，也可以是不连续的，SUM( )只会计算其中的数字之和，求和区域内的文本、空白单元格、逻辑值等非数值单元格将被忽略。

注：求和类函数是使用最普遍的函数，包括 SUM( )、AVERAGE( )、COUNT( )、MAX( )、MIN( )，分别对应求和、求平均值、计数、求最大值、求最小值功能，操作步骤基本类似。实际上直接选择"插入函数"命令，从中选择上述求和函数也可以。

输入公式后，如果需要修改，选定该单元格，选择"公式"→"插入函数"命令，会出现公式编辑对话框，实现输入参数的可视化。

2）条件判断函数 IF( )

条件判断函数的格式为 IF(测试条件，结果 A，结果 B)，即如果满足"测试条件"，则显示"结果 A"，如果不满足"测试条件"，则显示"结果 B"。IF( )函数是可以嵌套的，并结合 AND( )、OR( )函数可以写出各种复杂的条件判断公式。

例如，在"成绩表"L 列中输出等级，将 390 分以上的作为"优秀"，其他的显示"合格"。

Step 1：选定存放结果的单元格。 首先单击需要显示成绩等级的单元格，这里是 L3 单元格。

Step 2：插入 IF( ) 函数。　选择"公式"→"逻辑"→"IF"选项，出现"函数参数"对话框。

Step 3：设置函数参数。　在"函数参数"对话框中的"测试条件"框中输入条件表达式，如"K3 > =390"，在"真值"框中输入"优秀"，在"假值"框中输入"合格"，如图 7 – 32 所示。

Step 4：填充其他单元格的值。

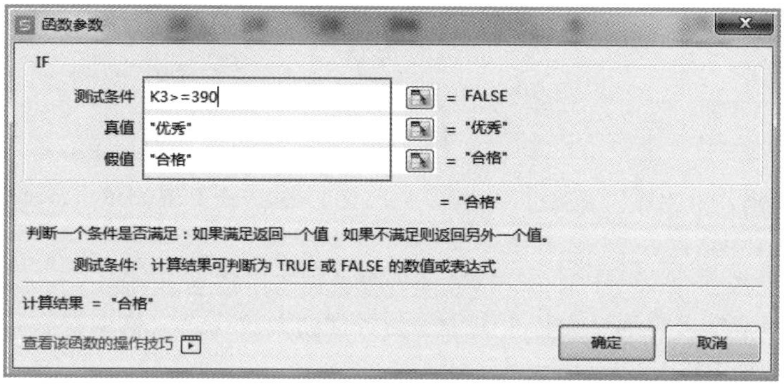

图 7 – 32　设置 IF( ) 函数参数

注意：
　　IF( ) 函数可以嵌套使用，在写 IF( ) 函数嵌套多条件公式时，要注意以下事项。
　　(1) 在输入 IF( ) 函数的内容时需要将输入法切换为英文格式。
　　(2) IF( ) 函数判定的数值区间要涵盖齐全，按数值由大至小或由小至大的顺序进行函数的嵌套。例如"成绩表"中各学生总分在 390 分以上为"优秀"，380 ~ 390 分为"良"，350 ~ 380 分为"合格"，低于 350 分为"不合格"，表达式可以写成：
　　= IF(K3 > =390,"优秀",(IF(K3 > =380,"良好",(IF(K3 > =350,"合格","不合格"))))）
　　在输入括号时可同时输入左括号和右括号，这样括号数量和层级就不会出现问题。

3）条件求和函数 SUMIF( )

条件求和函数的格式为 SUMIF(条件区域，求和条件，[求和区域])，即对满足条件的数据进行求和。求和条件是由文本、数字、逻辑表达式等组成的判定条件，求和区域和条件区域一致时可以省略。

例如，计算"成绩表"中英语成绩在 85 分以上（含 85 分）部分的总分。

Step 1：选定存放结果的单元格。　单击需要显示英语成绩在 85 分以上部分总分的单元格，如 F22 单元格。

Step 2：插入函数。　选择"公式"→"插入函数"命令，出现"插入函数"对话框，在该对话框的"选择函数"列表框中选择"SUMIF"选项，单击"确定"按钮，如图 7 – 33 所示。

Step 3：设置函数参数。　在"函数参数"对话框中的"区域"框中输入求和区域，如"F3：F21"，在"条件框"中输入求和条件">=85"，单击"确定"按钮，如图 7 –34 所示。

图 7 – 33　插入 SUMIF( )函数　　　　　　图 7 – 34　设置 SUMIF( )函数参数

4）计数函数 COUNT( )

COUNT( )函数返回包含数字的单元格数或者参数列表中数字的个数。

例如，统计"成绩表"的"生物"列中参加考试的人数（单元格中有分数的认为参加了考试，否则视为未参加考试）。

Step 1：选定存放结果的单元格。　单击需要显示生物考试人数的单元格，如 J22 单元格。

Step 2：插入函数。　选择"公式"→"插入函数"命令，出现"插入函数"对话框，在该对话框的"选择类别"下拉列表中选择"全部函数"选项，在"选项函数"列表框中选择"COUNT"选项，单击"确定"按钮。

Step 3：设置函数参数。　在"函数参数"对话框中的"值 1"框中输入计数区域，如"J3:J21"，单击"确定"按钮，如图 7 – 35 所示。

图 7 – 35　设置 COUNT 函数参数

5）条件计数函数 COUNTIF( )

COUNTIF(计数区域，计数条件) 是在指定区域中按指定条件对单元格进行计数的函数。

例如，统计"成绩表"中政治成绩在 40 分以上的人数。

Step 1：选定存放结果的单元格。　单击需要显示政治成绩在 40 分以上人数的单元格（如单元格 G22）。

Step 2：插入函数。　选择"公式"→"插入函数"命令，出现"插入函数"对话框，在该对话框的"选择类别"下拉列表中选择"全部函数"选项，在"选择函数"列表框中选择"COUNTIF"选项，单击"确定"按钮。

Step 3：设置函数参数。 在"函数参数"对话框中的"区域"框中输入计数区域，如"G3:G21"，在"条件"框中输入" >=40"，单击"确定"按钮，如图 7-36 所示。

图 7-36　设置 COUNTIF( ) 函数参数

提示：
在 IF( ) 函数的条件判断中不能使用通配符，但在 COUNTIF( )、SUMIF( ) 函数等的条件判断中可以使用"*"通配符和"?"通配符，"*"代表 0~n 个任意字符，"?"代表任意 1 个字符，例如"*支付*"代表任意含有"支付"两个字的文本。

6) 排名函数 RANK( )

RANK(number,ref,order) 是返回某数字在一列数字中相对于其他数字的大小排名的函数。number 为需要求排名的数值或单元格名称；ref 为排名的参照数值区域；order 为 0 或 1，默认为 0，表示按从大到小排序，1 表示按从小到大排序。

例如，对"成绩表"按总分降序排名。

Step 1：选定单元格。 选定用于放置排名的单元格，如 M3 单元格。

Step 2：插入函数。 选择"公式"→"插入函数"命令，出现"插入函数"对话框，在该对话框的"选择类别"下拉列表中选择"全部函数"选项，在"选择函数"列表框中选择"RANK"选择，单击"确定"按钮。

Step 3：设置函数参数。 在"函数参数"对话框的"数值"框中输入"K3"，在"引用"框中输入引用区域，如"$K$3:$K$21"，排位方式为 0 或省略表示降序，否则为"升序"（此例中忽略），单击"确定"按钮，如图 7-37 所示。

图 7-37　设置 COUNTIF 函数参数

Step 4：填充其他单元格的值。 选定 M3 单元格，拖动填充柄往下填充至 M21 单元格，排名结果如图 7-38 所示。

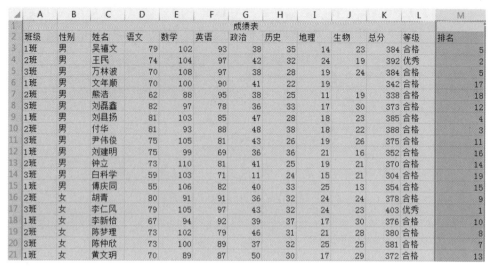

班级	性别	姓名	语文	数学	英语	政治	历史	地理	生物	总分	等级	排名
							成绩表					
1班	男	吴禧文	79	102	93	38	35	14	23	384	合格	5
2班	男	王民	74	104	97	42	32	24	19	392	优秀	2
3班	男	万林波	70	108	97	38	28	19	24	384	合格	5
1班	男	文年顺	70	100	90	41	22	19		342	合格	17
2班	男	熊浩	62	88	95	38	25	11	19	338	合格	18
3班	男	刘磊鑫	82	97	78	36	33	17	30	373	合格	12
1班	男	刘且扬	81	103	85	47	28	18	23	385	合格	4
2班	男	付华	81	93	88	48	38	18	22	388	合格	3
3班	男	尹伟俊	75	105	81	43	26	19	26	375	合格	11
1班	男	刘建明	75	99	69	36	36	21	16	352	合格	16
2班	男	钟立	73	110	81	41	25	19	21	370	合格	14
3班	男	白科学	59	103	71	11	24	15	21	304	合格	19
1班	男	傅庆同	55	106	82	40	33	25	13	354	合格	15
2班	女	胡青	80	91	91	36	32	24	24	378	合格	9
3班	女	李仁风	79	105	97	43	32	24	23	403	优秀	1
1班	女	李新怡	67	94	92	39	37	17	30	376	合格	10
2班	女	陈梦理	73	102	79	46	31	21	28	380	合格	8
3班	女	陈仲欣	73	100	89	37	32	25	25	381	合格	7
1班	女	黄文玥	70	89	87	50	30	17	29	372	合格	13

图 7-38 排名结果

素材下载及重难点回看

素材下载

重难点回看

第二部分　任务工单

任务编号：WPS-7-3	实训任务：计算"电器销售表"	日期：
姓名：	班级：	学号：

一、任务描述

　使用公式统计"电器销售表"中的电器销售总量、各销售员的销售量以及各电器的销售量并保存在"D：\wps 表格\电器销售表.xlsx"中，完成后效果如【任务样张7.3】所示。

二、【任务样张7.3】

	A	B	C	D	E	F	G
1	电器销售表						
2	销售部门	姓名	产品	数量	各销售员销售总量及等级	各电器销售总量	各销售部门销售总量
3	销售一部	王磊	彩电	8	王磊29	彩电37	销售一部55
4	销售一部	王磊	冰箱	5		冰箱28	
5	销售一部	王磊	洗衣机	6		洗衣机31	
6	销售一部	王磊	空调	10		空调44	
7	销售一部	李华	彩电	7	李华26		
8	销售一部	李华	冰箱	6			
9	销售一部	李华	洗衣机	5			
10	销售一部	李华	空调	8			
11	销售二部	陈语	彩电	9	陈语31优秀		销售二部59
12	销售二部.	陈语	冰箱	4			
13	销售二部	陈语	洗衣机	7			
14	销售二部	陈语	空调	11			
15	销售二部	吴江	彩电	8	吴江28		
16	销售二部	吴江	冰箱	7			
17	销售二部	吴江	洗衣机	6			
18	销售二部	吴江	空调	7			
19	销售三部	孙义天	彩电	5	孙义天26		销售三部26
20	销售三部	孙义天	冰箱	6			
21	销售三部	孙义天	洗衣机	7			
22	销售三部	孙义天	空调	8			
23	总量			140			

三、任务实施

1. 在 D23 单元格中计算出电器销售总量。

任务编号：WPS-7-3	实训任务：计算"电器销售表"	日期：
姓名：	班级：	学号：

2. 使用函数计算各销售员的销售总量，并把销售总量大于 30 的销售等级显示为"优秀"。

3. 使用函数计算各种电器销售总量。

4. 使用函数计算各销售部门销售电器总量。

5. 保存文件为"D:\wps 表格\电器销售情况表.xlsx"。

四、任务执行评价

序号	考核指标	所占分值	备注	得分
1	任务完成情况	30	在规定时间内完成并按时上交任务单	
2	成果质量	70	按标准完成，或富有创意，进行合理评价	
总分				

指导教师：

日期：　　年　　月　　日

工单素材　　　　　　　　扫码下载任务单

知识测试与能力训练

一、单项选择题

1. 在 WPS 表格中有两种类型的地址，如 b2 和 b2，（　　）。

A. 前者是绝对地址，后者是相对地址

B. 前者是相对地址，后者是绝对地址

C. 两者都是绝对地址

D. 两者都是相对地址

2. 在 WPS 表格中进行绝对地址引用时，在行号和列号前要加（　　）符号。

A. #　　　　　　　　　B. $　　　　　　　　　C. %　　　　　　　　　D. @

3. 在 WPS 表格中，如未特别设定格式，则数值数据会自动（　　）。

A. 两端对齐　　　　　B. 左对齐　　　　　　C. 居中对齐　　　　　D. 右对齐

4. 在 WPS 表格中，求 A3：A5 单元格区域中数据的和，可用表达式（　　）。

A. = SUM(A3 + A4 + A5)　　　　　　　　B. = SUM(A3：A5)

C. = A3 + A5　　　　　　　　　　　　　　D. = AVERAGE(A3：A5)

二、判断题

1. MAX( ) 函数的作用是求最小值。　　　　　　　　　　　　　　　　　　（　　）

2. 一个工作簿中可以有多个工作表。　　　　　　　　　　　　　　　　　　（　　）

3. 当使用 "Ctrl + Home" 组合键时，可以把光标移至当前工作表的 A1 单元格。（　　）

4. 当公式中引用绝对地址时，如果把公式复制到其他单元格，公式不变。　（　　）

5. 选取不连续的单元格，可借助 Shift 键完成。　　　　　　　　　　　　　（　　）

三、简答题

1. 相对引用和绝对引用的区别是什么？

2. 表格样式有什么作用？

项目 8

WPS表格的数据排序、筛选及汇总

项目概述

WPS 表格提供了许多数据管理的有效工具，如排序、筛选、分类汇总、合并计算等，使用这些功能可以方便地整理和分析数据。

本项目通过"成绩表"中数据的排序、筛选和分类汇总及合并计算使表中数据更为清晰直观。读者通过学习、掌握 WPS 表格使用的基本技巧，在工作生活中可减少工作量及提高工作效率。

知识目标

➢ 数据的排序；
➢ 数据的筛选；
➢ 数据的分类汇总。

技能目标

➢ 能对工作表数据进行排序；
➢ 能对工作表数据进行筛选；
➢ 能对工作表数据进行分类汇总；
➢ 能对表格数据进行合并计算。

素质目标

➢ 培养学生不断学习新知识、接受新事物的创新能力；
➢ 培养学生正确的思维方法和工作方法；
➢ 培养学生坚强的意志、诚信素养、团结协作的能力；
➢ 培养学生一丝不苟、精益求精的匠心精神。

任务 8.1　"成绩表" 数据排序

第一部分　知识学习

课前引导

在日常工作、学习和生活中，通常会按一定顺序排列数据，以便通过浏览数据发现一些明显的特征或趋势，找到解决问题的线索。另外，排序有助于对数据进行检查和纠错，以及为重新归类或分组等提供支持。

任务描述

在日常工作、学习和生活中，除了进行数值计算外，还常需要对数据记录进行组织和分析，如对数据进行排序等。本任务以"成绩表"为例介绍表格中记录的多种排序方式。

任务目标

(1) 掌握数据的快速排序方法；

(2) 掌握数据的自定义排序方法。

【样张 8.1】

班级	性别	姓名	语文	数学	英语	政治	历史	地理	生物	总分	等级	排名
1班	男	刘昌扬	81	103	85	47	28	18	23	385	合格	4
3班	女	李仁风	79	105	97	43	32	24	23	403	优秀	1
1班	男	吴禧文	79	102	93	38	35	14	23	384	合格	5
3班	男	尹伟俊	75	105	81	43	26	19	26	375	合格	11
2班	男	王民	74	104	97	42	32	24	19	392	优秀	2
2班	男	钟立	73	110	81	41	25	19	21	370	合格	14
2班	女	陈梦理	73	102	79	46	31	21	28	380	合格	8
3班	男	万林波	70	108	97	38	28	19	24	384	合格	5
3班	男	白科学	59	103	71	11	24	15	21	304	合格	19
1班	男	傅庆同	55	106	82	40	33	25	13	354	合格	15
3班	男	刘磊鑫	82	97	78	36	33	17	30	373	合格	12
1班	男	付华	81	93	88	48	38	18	22	388	合格	3
2班	女	胡菁	80	91	91	36	32	24	24	378	合格	9
1班	男	刘建明	75	99	69	36	36	21	16	352	合格	16
3班	女	陈仲欣	73	100	89	37	32	25	25	381	合格	7
2班	男	文年顺	70	100	90	41	22	19		342	合格	17
1班	女	李新怡	67	94	92	39	37	17	30	376	合格	10
1班	女	黄文玥	70	89	87	50	30	17	29	372	合格	13
2班	男	熊浩	62	88	95	38	25	11	19	338	合格	18

表格标题：成绩表

活动 1　简单排序

数据排序是指按一定顺序或规则排列数据，以便通过浏览数据发现一些明显的特征或趋势，找到解决问题的线索。在 WPS 表格中不仅可以根据排序关键字对数据进行单条件或多条件排序，还可以根据需要设置自定义排序。

1. 默认的排序规则及方法

在表格中可以根据数字、字母和日期等顺序排列数据，排序方法主要有递增和递减两种。如果按递增方式排序，WPS 表格使用的顺序如下所示，反之则为递减。

(1) 数字排序规则：从最小的负数到最大的正数进行排序。

(2) 字母排序规则：按字母先后顺序对文本项进行排序。

(3) 日期排序规则：按日期值由小到大进行排序。

（4）汉字排序规则：根据汉字的拼音按字母顺序进行排序。

（5）空格：空格排在最后。

2. 单条件排序

对"成绩表"按照总分由高到低降序排序。

Step 1：选定排序列中的任意单元格。 打开"成绩表"工作簿，选择需要排序列中的任意单元格，如 K4 单元格。

Step 2：选择"降序"命令。 单击"开始"选项卡中的"排序"按钮，在弹出的下拉菜单中选择"升序"或"降序"命令，此处选择"降序"命令即可完成该列单条件排序，如图8-1所示。

图 8-1 选择"降序"命令

Step3：查看排序结果。 排序结果如图8-2所示。

班级	性别	姓名	语文	数学	英语	政治	历史	地理	生物	总分	等级	排名
						成绩表						
3班	女	李仁风	79	105	97	43	32	24	23	403	优秀	1
2班	男	王民	74	104	97	42	32	24	19	392	优秀	2
2班	男	付华	81	93	88	48	38	18	22	388	合格	3
1班	男	刘昌扬	81	103	85	47	28	18	23	385	合格	4
1班	男	吴福文	79	102	93	38	35	14	23	384	合格	5
3班	男	万林波	70	108	97	38	28	19	24	384	合格	5
3班	女	陈仲欣	73	100	89	37	32	25	25	381	合格	7
2班	女	陈梦理	73	102	79	46	31	21	28	380	合格	8
2班	女	胡蓍	80	91	91	36	32	24	24	378	合格	9
1班	女	李新怡	67	94	92	39	37	17	30	376	合格	10
3班	男	尹伟俊	75	105	81	43	26	19	26	375	合格	11
1班	男	刘磊鑫	82	97	78	36	33	17	30	373	合格	12
1班	女	黄文玥	70	89	87	50	30	17	29	372	合格	13
2班	男	钟立	73	110	81	41	25	19	21	370	合格	14
1班	男	傅庆同	55	106	82	40	33	25	13	354	合格	15
1班	男	刘建明	75	99	69	36	36	21	16	352	合格	16
1班	男	文年顺	70	100	90	41	22	19		342	合格	17
2班	男	熊浩	62	88	95	38	25	11	19	338	合格	18
3班	男	日科学	59	103	71	11	24	15	21	304	合格	19

图 8-2 排序结果

活动2 自定义排序

在日常工作、学习和生活中，除了进行简单的排序，有时还会进行多字段排序或者根据单元格中字体的颜色或单元格的颜色进行排序，此时可以使用 WPS 表格的自定义排序功能。

1. 多字段排序

对"成绩表"中的数据按照语文成绩降序排序，如果语文成绩相同则按数学成绩降序排序。

Step 1：选定待排序区域。 打开"成绩表"工作簿，选择待排序的单元格区域，如 A2:M21 单元格区域。

Step2：选择"自定义排序"命令。 选择"数据"选项卡中的"排序"→"自定义排序"命令，打开"排序"对话框，如图8-3所示。

Step3：设置主要关键字。 在"排序"对话框中，设置"主要关键字"为"语文"，"排序依据"为"数值"，"次序"为"降序"，如图8-4所示。

Step4：设置次要关键字。 单击"排序"对话框中的"添加条件"按钮，设置"次要关键字"为"数学"，"排序依据"为"数值"，"次序"为"降序"，单击"确定"按钮，如图8-5所示。

Step5：查看排序结果。 排序结果如图8-6所示。

图 8-3　选择"自定义排序"命令

图 8-4　设置主要关键字

图 8-5　设置次要关键字

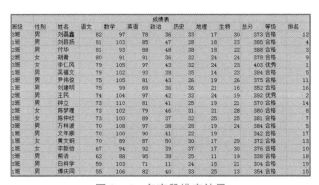

图 8-6　多字段排序结果

2. 根据单元格颜色排序

设置"成绩表"的"数学"列中 100 分以上的单元格填充色为绿色，90~100 分的单元格填充色为蓝色，90 分以下的单元格填充色为红色，然后将"数学"列中填充色为绿色的单元格排在顶端，填充色为红色的单元格排在底端。

Step 1：设置条件格式。　打开"成绩表"工作簿，利用条件格式设置"数学"列单元格的填充色，如图 8-7 所示。

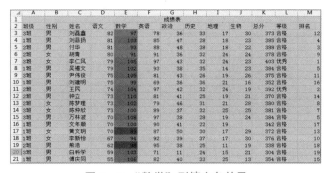

图 8-7　"数学"列填充色效果

Step 2：选定待排序区域。 选定待排序的区域，如 A2：M21 单元格区域。

Step 3：选择"自定义排序"命令。 选择"数据"选项卡中的"排序"→"自定义排序"命令，打开"排序"对话框。

Step 4：删除排序条件。 因为上个活动中设置了排序条件，所以要单击"删除条件"按钮，先把上一活动中的排序条件删除，如图 8－8 所示。

图 8－8　删除排序条件

Step 5：在"排序"对话框中进行设置。 在"排序"对话框中，单击"添加条件"按钮，设置"主要关键字"为"数学"，"排序依据"为"单元格颜色"，"次序"为"▨▨▨▨""在顶端"，如图 8－9 所示；再次单击"添加条件"按钮，设置"次要关键字"为"数学"，"排序依据"为"单元格颜色"，"次序"为"▨▨▨▨""在底端"，单击"确定"按钮，如图 8－10 所示。

图 8－9　设置主要关键字单元格颜色

图 8－10　设置次要关键字单元格颜色

Step 6：查看排序结果。 排序结果如图 8－11 所示。

班级	性别	姓名	语文	数学	英语	政治	历史	地理	生物	总分	等级	排名
						成绩表						
1班	男	刘昆扬	81	103	85	47	28	18	23	385	合格	4
3班	女	李仁凤	79	105	97	43	32	24	23	403	优秀	1
1班	男	吴禧文	79	102	93	38	35	14	23	384	合格	5
3班	男	尹伟俊	75	105	81	43	26	19	26	375	合格	11
2班	男	王民	74	104	97	42	32	24	19	392	优秀	2
2班	男	钟立	73	110	81	41	25	19	21	370	合格	14
2班	女	陈梦理	73	102	79	46	31	21	28	380	合格	8
3班	男	万林波	70	108	97	38	28	19	24	384	合格	5
3班	男	白科学	59	103	71	11	24	15	21	304	合格	19
1班	男	傅庆同	55	106	82	40	33	25	13	354	合格	15
3班	男	刘磊鑫	82	97	78	36	33	17	30	373	合格	12
2班	男	付华	81	93	88	48	38	18	22	388	合格	3
2班	男	胡青	80	91	91	36	32	24	24	378	合格	9
1班	男	刘建明	75	99	69	36	36	21	16	352	合格	16
3班	女	陈仲欣	73	100	89	37	32	25	25	381	合格	7
1班	男	文年顺	70	100	90	41	22	19		342	合格	17
1班	女	李新怡	67	94	92	39	37	17	30	376	合格	10
1班	女	黄文玥	70	89	87	50	30	17	29	372	合格	13
2班	男	熊浩	62	89	95	38	25	11	19	338	合格	18

图 8－11　按单元格颜色排序结果

素材下载及重难点回看

素材下载

重难点回看

第二部分　任务工单

任务编号：WPS-8-1	实训任务："电器销售表"数据排序	日期：
姓名：	班级：	学号：

一、任务描述

使用 WPS 表格的简单排序和自定义排序功能对"电器销售表"进行排序并保存在"D:\wps 表格\电器销售表.xlsx"中，完成后效果如【任务样张 8.1】所示。

二、【任务样张 8.1】

	A	B	C	D
1	电器销售表			
2	销售部门	姓名	产品	数量
3	销售一部	王磊	空调	10
4	销售二部	陈语	空调	11
5	销售一部	王磊	彩电	8
6	销售一部	李华	彩电	7
7	销售一部	李华	空调	8
8	销售二部	陈语	彩电	9
9	销售二部	陈语	洗衣机	7
10	销售二部	吴江	彩电	8
11	销售二部	吴江	冰箱	7
12	销售二部	吴江	空调	7
13	销售三部	孙义天	洗衣机	7
14	销售三部	孙义天	空调	8
15	销售一部	王磊	冰箱	5
16	销售一部	李华	冰箱	6
17	销售二部	陈语	冰箱	4
18	销售三部	孙义天	冰箱	6
19	销售一部	王磊	洗衣机	6
20	销售一部	李华	洗衣机	5
21	销售二部	吴江	洗衣机	6
22	销售三部	孙义天	彩电	5

三、任务实施

1. 进行简单排序：按产品名称降序排序。

任务编号：WPS－8－1	实训任务："电器销售表"数据排序	日期：	
姓名：	班级：	学号：	

2. 进行多字段排序：先按销售部门升序再按产品名称升序最后按数量升序排序。

3. 进行自定义排序：按"数量"列中单元格的颜色依次为" （红）" " （黄）" "无"排序。

四、任务执行评价

序号	考核指标	所占分值	备注	得分
1	任务完成情况	30	在规定时间内完成并按时上交任务单	
2	成果质量	70	按标准完成，或富有创意，进行合理评价	
总分				

指导教师：

日期： 　年　 月　 日

工单素材　　　　　　扫码下载任务单

任务8.2　"成绩表" 数据筛选

第一部分　知识学习

课前引导

　　在日常工作、学习和生活中，经常会遇到在大量的数据中只想查看满足条件的某些数据或者需要将某（几）门课程成绩不及格的学生数据单独保存到另一个工作表中的情况，这可以通过 WPS 表格的筛选功能实现。

任务描述

　　本任务对"成绩表"进行数据筛选：①筛选出英语成绩不及格的学生数据；②筛选出语文成绩和数学成绩同时不及格的学生数据；③筛选出语文成绩或者数学成绩不及格的学生数据。以此为例介绍 WPS 表格中的数据自动筛选和高级筛选操作。

任务目标

　（1）掌握数据的自动筛选操作；

　（2）掌握数据的高级筛选操作。

【样张8.2】

	A	B	C	D	E	F	G	H	I	J
1					成绩表					
2	姓名	语文	数学	英语	政治	历史	地理	生物	总分	等级
4	李仁凤	79	105	97	43	32	24	23	403	优秀
6	王民	74	104	97	42	32	24	19	392	优秀

	A	B	C	D	E	F	G	H	I	J
1					成绩表					
2	姓名	语文	数学	英语	政治	历史	地理	生物	总分	等级
4	李仁凤	79	105	97	43	32	24	23	403	优秀
5	吴穑文	79	102	93	38	35	14	23	384	合格
6	王民	74	104	97	42	32	24	19	392	优秀
7	万林波	70	108	97	38	28	19	24	384	合格
12	刘昌扬	81	103	85	47	28	18	23	385	合格
13	付华	81	93	88	48	38	24	16	388	合格

活动1　自动筛选

1. 按内容筛选

筛选出"成绩表"中"等级"为"优秀"的记录。

|Step 1：选定列标题行。| 打开"成绩表"工作簿，选定列标题行（A2:M2）。

|Step 2：单击"自动筛选"按钮。| 单击"数据"选项卡中的"自动筛选"按钮，如图 8 - 12 所示，为每列的标题添加筛选按钮，如图 8 - 13 所示。

图 8 - 12　单击"自动筛选"按钮

	A	B	C	D	E	F	G	H	I	J	K	L	M
1							成绩表						
2	班级	性别	姓名	语文	数学	英语	政治	历史	地理	生物	总分	等级	排名
3	1班	男	刘且扬	81	103	85	47	28	18	23	385	合格	4
4	3班	女	李仁风	79	105	97	43	32	24	23	403	优秀	1
5	1班	男	吴禧文	79	102	93	38	35	14	23	384	合格	5
6	3班	男	尹伟俊	75	105	81	43	26	19	26	375	合格	11
7	2班	男	王民	74	104	97	42	32	24	19	392	优秀	2
8	2班	男	钟立	73	110	81	41	25	19	21	370	合格	14
9	2班	女	陈梦理	73	102	79	46	31	21	28	380	合格	8
10	3班	男	万林波	70	108	97	38	28	19	24	384	合格	6
11	3班	男	白科学	59	103	71	11	24	15	21	304	合格	19

图 8 – 13　添加筛选按钮后的"成绩表"

Step 3：单击"等级"后的"▼"按钮。 单击"等级"后的"▼"按钮，出现筛选框。

Step 4：在筛选框中进行设置。 在筛选框中单击"内容筛选"按钮，取消选择"☐ (全选|反选)（22）"，勾选"优秀"选项，单击"确定"按钮，如图 8 – 14 所示。

Step 5：查看筛选结果。 筛选结果如图 8 – 15 所示。

2. 取消筛选

对数据进行筛选后，若需要取消筛选，可以单击该字段名后的筛选按钮，在其下拉列表中勾选"☑ (全选|反选)"，单击"确定"按钮即可；也可以通过再次单击"自动筛选"按钮完成。

3. 按颜色筛选

筛选出"成绩表"中"数学"列单元格填充颜色为"▇▇▇"（绿色）的记录。

图 8 – 14　在筛选框中进行设置

	A	B	C	D	E	F	G	H	I	J	K	L	M
1							成绩表						
2	班级	性别	姓名	语文	数学	英语	政治	历史	地理	生物	总分	等级	排名
4	3班	女	李仁风	79	105	97	43	32	24	23	403	优秀	1
7	2班	男	王民	74	104	97	42	32	24	19	392	优秀	2

图 8 – 15　按内容筛选的结果

Step 1：选定列标题行。 打开"成绩表"工作簿，选定列标题行（A2:J2）。

Step 2：单击"自动筛选"按钮。 单击"数据"选项卡中的"自动筛选"按钮，为每列的标题添加筛选按钮。

Step 3：单击"数学"后的"▼"按钮。 单击"数学"后的"▼"按钮，出现筛选框。

Step 4：在筛选框中进行设置。 在筛选框中单击"颜色筛选"按钮，选择"▇▇▇"（绿色）选项，如图 8 – 16 所示。

图 8 – 16　设置筛选颜色

Step 5：查看筛选结果。 筛选结果如图 8 – 17 所示。

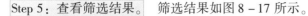

	A	B	C	D	E	F	G	H	I	J	K	L	M
1						成绩表							
2	班级	性别	姓名	语文	数学	英语	政治	历史	地理	生物	总分	等级	排名
3	1班	男	刘旦扬	81	103	85	47	28	18	23	385	合格	4
4	3班	女	李仁凤	79	105	97	43	32	24	23	403	优秀	1
5	1班	男	吴禧文	79	102	93	38	35	14	23	384	合格	5
6	3班	男	尹伟俊	75	105	81	43	26	19	26	375	合格	11
7	2班	男	王民	74	104	97	42	32	24	19	392	优秀	2
8	2班	男	钟立	73	110	81	41	25	19	21	370	合格	14
9	2班	女	陈梦理	73	102	79	46	31	21	28	380	合格	8
10	3班	男	万林波	70	108	97	38	28	19	24	384	合格	5
11	3班	男	白科学	59	103	71	11	24	15	21	304	合格	19
12	1班	男	傅庆同	55	106	82	40	33	25	13	354	合格	15

图 8 – 17　按颜色筛选的结果

4. 按数字筛选

在上例的结果中，继续进行筛选操作，筛选出"成绩表"中"数学"列前五名的记录。

Step 1：单击"数学"后的" ▼ "按钮。 单击"数学"后的" ▼ "按钮，出现筛选框。

Step 2：选择"前十项"命令。 在筛选框中选择"数字筛选"→"前十项"命令，如图 8 – 18 所示。

Step 3：设置筛选项数。 在"自动筛选前 10 个"对话框中，设置筛选项数为"5"，如图 8 – 19 所示。

图 8 – 18　选择"前十项"命令

图 8 – 19　设置筛选项数

Step 4：查看筛选结果。 筛选结果如图 8 – 20 所示。

	A	B	C	D	E	F	G	H	I	J	K	L	M
1						成绩表							
2	班级	性别	姓名	语文	数学	英语	政治	历史	地理	生物	总分	等级	排名
4	3班	女	李仁凤	79	105	97	43	32	24	23	403	优秀	1
6	3班	男	尹伟俊	75	105	81	43	26	19	26	375	合格	11
8	2班	男	钟立	73	110	81	41	25	19	21	370	合格	14
10	3班	男	万林波	70	108	97	38	28	19	24	384	合格	5
12	1班	男	傅庆同	55	106	82	40	33	25	13	354	合格	15

图 8 – 20　按数字筛选的结果

活动2 高级筛选

在 WPS 表格中利用自动筛选功能可以不运用公式快速查找需要查看的数据，如果需要根据某一（组）特定条件筛选数据，就需要用高级筛选功能来完成。

1. "与"条件筛选

清除活动1中的筛选条件，筛选出"成绩表"中"等级"为"优秀"且英语成绩在90分以上的记录。

Step 1：清除筛选条件。 打开"成绩表"工作簿，单击"自动筛选"按钮，清除活动1中的筛选条件。

Step 2：设置筛选条件。 在 E23：F24 单元格区域设置筛选条件，如图8-21所示。

等级	英语
优秀	>=90

图8-21 设置"与"条件

Step 3：选择"高级筛选"命令。 选择"数据"选项卡中的"高级筛选"命令，如图8-22所示，弹出"高级筛选"对话框。

Step 4：在"高级筛选"对话框中进行设置。 在"高级筛选"对话框中设置方式，"列表区域"为"成绩表! $A$2：$M$21"，"条件区域"为"成绩表! $E$23：$F$24"，单击"确定"按钮，如图8-23所示。

图8-22 选择"高级筛选"命令

图8-23 在"高级筛选"对话框中进行设置

Step 5：查看筛选结果。 "与"条件筛选结果如图8-24所示。

	A	B	C	D	E	F	G	H	I	J	K	L	M
1							成绩表						
2	班级	性别	姓名	语文	数学	英语	政治	历史	地理	生物	总分	等级	排名
4	3班	女	李仁凤	79	105	97	43	32	24	23	403	优秀	1
7	2班	男	王民	74	104	97	42	32	24	19	392	优秀	2

图8-24 "与"条件筛选结果

2. "或"条件筛选

清除上例中的筛选条件，筛选出"成绩表"中语文成绩在80分（含80）以上或英语成绩在90分以上（含90分）的记录。

本例与上例仅第一步设置筛选条件不同，如图8-25所示，其他步骤与上例相同，此处不再赘述。筛选结果如图8-26所示。

语文	英语
>=80	
	>=90

图8-25 设置"或"条件

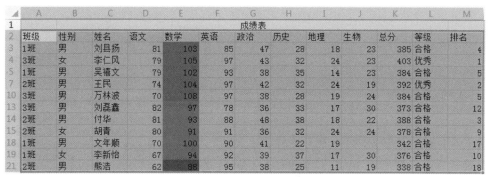

图 8－26   "或"条件筛选结果

3. 复杂条件筛选

筛选出"成绩表"中总分在 380 分以上，且语文成绩在 80 分以上（含 80 分）或英语成绩在 90 分以上（含 90 分）的记录。

本例第一步为设置更加复杂的筛选条件（如图 8－27 所示），其他步骤与上两例相同。筛选结果如图 8－28 所示。

总分	语文	英语
>380	>=80	
>380		>=90

图 8－27   设置复杂条件

	A	B	C	D	E	F	G	H	I	J	K	L	M
1							成绩表						
2	班级	性别	姓名	语文	数学	英语	政治	历史	地理	生物	总分	等级	排名
3	1班	男	刘且扬	81	103	85	47	28	18	23	385	合格	4
4	3班	女	李仁风	79	105	97	43	32	24	23	403	优秀	1
5	1班	男	吴禧文	79	102	93	38	35	14	23	384	合格	5
7	2班	男	王民	74	104	97	42	32	24	19	392	优秀	2
10	3班	男	万林波	70	108	97	38	28	19	24	384	合格	5
14	2班	男	付华	81	93	88	48	38	18	22	388	合格	3

图 8－28   复杂条件筛选结果

通过以上三例可见，在 WPS 表格中筛选数据设置筛选条件时，同行条件表示为"与"，即"且"的关系，不同行条件表示"或"的关系。

素材下载及重难点回看

素材下载

重难点回看

第二部分　任务工单

任务编号：WPS－8－2	实训任务："电器销售表"数据筛选	日期：
姓名：	班级：	学号：

一、任务描述

使用 WPS 表格的自动筛选和高级筛选功能对"电器销售表"进行数据筛选并保存在"D：\wps 表格\电器销售表.xlsx"中，完成后效果如【任务样张8.2】所示。

二、【任务样张8.2】

销售部门	姓名	产品	数量
销售一部	王磊	空调	10
销售一部	王磊	彩电	8
销售一部	王磊	冰箱	5
销售一部	王磊	洗衣机	6

销售部门	姓名	产品	数量
销售一部	王磊	空调	10
销售二部	陈语	空调	11
销售一部	李华	空调	8
销售三部	孙义天	空调	8

销售部门	姓名	产品	数量
销售一部	王磊	空调	10
销售二部	陈语	空调	11
销售一部	王磊	彩电	8
销售一部	李华	空调	8
销售二部	陈语	彩电	9
销售二部	吴江	彩电	8
销售二部	吴江	空调	7
销售三部	孙义天	空调	8

三、任务实施

1. 进行自动筛选：筛选出"数量"列中单元格填充色为红色的记录，然后清除筛选条件。

2. 进行自动筛选：按姓名筛选出"王磊"的销售情况，并把数据放到 I3 单元格开始的区域。

3. 进行高级筛选：筛选出"产品"为"空调"且"数量"在 8（含 8）以上的记录，并把数据放到 I9 单元格开始的区域。

4. 进行高级筛选：筛选出"产品"为"空调"或"数量"在 8（含 8）以上的记录，并把数据放到 I15 单元格开始的区域。

5. 保存文件为"D：\wps 表格\电器销售表.xlsx"。

续表

任务编号：WPS - 8 - 2	实训任务："电器销售表"数据筛选	日期：	
姓名：	班级：	学号：	

四、任务执行评价

序号	考核指标	所占分值	备注	得分
1	任务完成情况	30	在规定时间内完成并按时上交任务单	
2	成果质量	70	按标准完成，或富有创意，进行合理评价	
总分				

指导教师：

日期：　　年　　月　　日

工单素材

扫码下载任务单

任务 8.3　"成绩表"分类汇总与合并计算

第一部分　知识学习

课前引导

　　在日常工作、学习和生活中，经常需要制作各种各样的表格，当需要汇总多个表格中的数据的时候，如果不停地切换表格进行统计，不仅烦琐还容易出错，这时可利用 WPS 表格的合并计算功能实现。

任务描述

　　本任务通过统计"成绩表"中男、女生成绩的平均总分及各学生多次考试成绩的平均分来学习数据的分类汇总及合并计算操作。

任务目标

（1）掌握数据的分类汇总；

（2）掌握数据的合并计算。

活动1　分类汇总

　　在日常工作、学习和生活中，经常需要把表格中的数据先按照某一标准进行分类，然后在分类的基础上对各类别数据分别进行求和、求平均数、计数、求最大值及最小值等方法的汇总，这就要用 WPS 的分类汇总功能来完成。

1. 分类汇总

统计"成绩表"中男、女生成绩的平均总分。

Step 1：将数据按分类字段排序。　打开"成绩表"工作簿，把数据按分类字段"性别"排序，结果如图 8 - 29 所示。

Step 2：单击"分类汇总"按钮。　选定数据区域，单击"数据"选项卡中的"分类汇总"按钮，如图 8 - 30 所示，弹出"分类汇总"对话框。

班级	性别	姓名	语文	数学	英语	政治	历史	地理	生物	总分	等级	排名
1班	男	刘昌扬	81	103	85	47	28	18	23	385	合格	4
1班	男	吴禧文	79	102	93	38	35	14	23	384	合格	5
3班	男	尹伟俊	75	105	81	43	26	19	26	375	合格	11
2班	男	王民	74	104	97	42	32	24	19	392	优秀	2
2班	男	钟立	73	110	81	41	25	19	21	370	合格	14
3班	男	万林波	70	108	97	38	28	19	24	384	合格	5
3班	男	白科学	59	103	71	11	24	15	21	304	合格	19
1班	男	傅庆同	55	106	82	40	33	25	13	354	合格	15
3班	男	刘磊鑫	82	97	78	36	33	17	30	373	合格	12
2班	男	付华	81	93	88	48	38	18	22	388	合格	3
1班	男	刘建明	75	99	69	36	36	21	16	352	合格	16
1班	男	文年顺	70	100	90	41	22	19		342	合格	17
2班	男	熊浩	62	88	95	38	25	11	19	338	合格	18
3班	女	李仁风	79	105	97	43	32	24	23	403	优秀	1
2班	女	陈梦理	73	102	79	46	31	21	28	380	合格	8
2班	女	胡青	80	91	91	36	32	24	24	378	合格	9
3班	女	陈仲欣	73	100	89	37	32	25	25	381	合格	7
1班	女	李新怡	67	94	92	39	37	17	30	376	合格	10
1班	女	黄文玥	70	89	87	50	30	17	29	372	合格	13

图 8 - 29　按分类字段"性别"排序结果

Step 3：在"分类汇总"对话框中进行设置。 在"分类汇总"对话框中设置"分类字段"为"性别"，"汇总方式"为"平均值"，"选定汇总项"为"总分"，勾选"替换当前分类汇总"和"汇总结果显示在数据下方"复选框，单击"确定"按钮，如图 8－31 所示。

图 8－30 单击"分类汇总"按钮

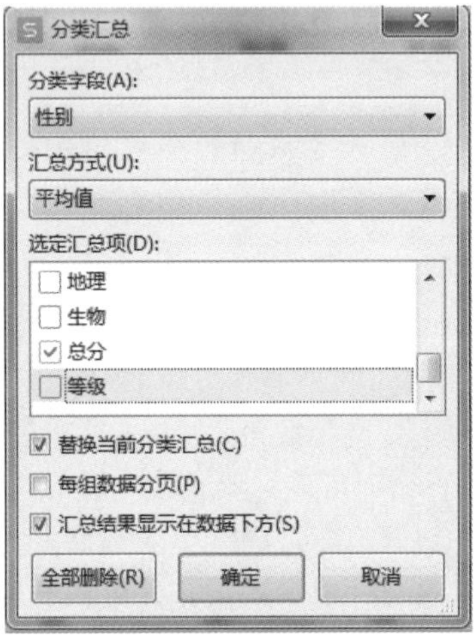

图 8－31 在"分类汇总"对话框中进行设置

Step 4：查看分类汇总结果。 分类汇总结果如图 8－32 所示。

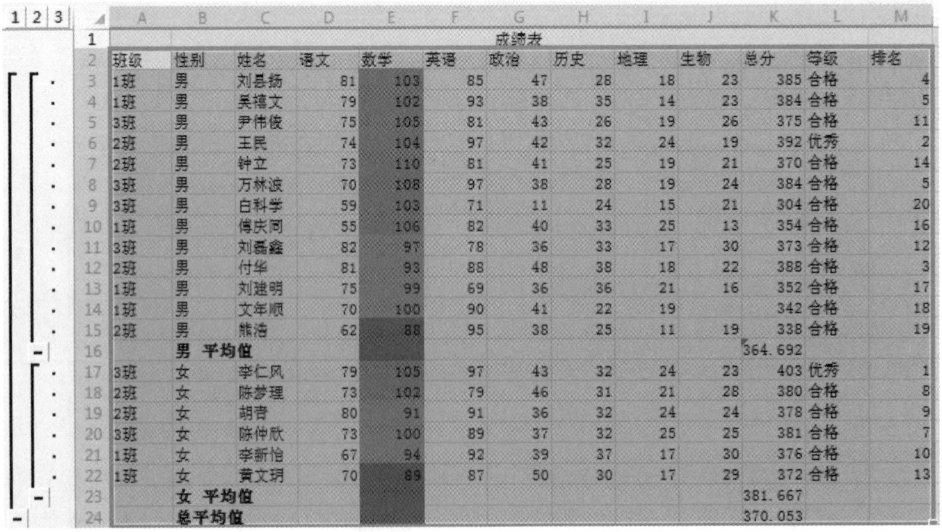

	班级	性别	姓名	语文	数学	英语	政治	历史	地理	生物	总分	等级	排名
						成绩表							
3	1班	男	刘昂扬	81	103	85	47	28	18	23	385	合格	4
4	1班	男	吴楷文	79	102	93	38	35	14	23	384	合格	5
5	3班	男	尹伟俊	75	105	81	43	26	19	26	375	合格	11
6	2班	男	王民	74	104	97	42	32	24	19	392	优秀	2
7	1班	男	钟立	73	110	81	41	25	19	21	370	合格	14
8	3班	男	万林波	70	108	97	38	28	19	24	384	合格	5
9	3班	男	白科学	59	103	71	11	24	15	21	304	合格	20
10	1班	男	傅庆同	55	106	82	40	33	25	13	354	合格	16
11	3班	男	刘磊鑫	82	97	78	36	33	17	30	373	合格	12
12	2班	男	付华	81	93	88	48	38	18	22	388	合格	3
13	1班	男	刘建明	75	99	69	36	36	21	16	352	合格	17
14	1班	男	文年顺	70	100	90	41	22	19		342	合格	18
15	2班	男	熊浩	62	88	95	38	25	11	19	338	合格	19
16		男 平均值									364.692		
17	3班	女	李仁风	79	105	97	43	32	24	23	403	优秀	1
18	3班	女	陈梦理	73	102	79	46	31	21	28	380	合格	8
19	2班	女	胡睿	80	91	91	36	32	24	24	378	合格	9
20	3班	女	陈仲欣	73	100	89	37	32	25	25	381	合格	7
21	1班	女	李新怡	67	94	92	39	37	17	30	376	合格	10
22	1班	女	黄文玥	70	89	87	50	30	17	29	372	合格	13
23		女 平均值									381.667		
24		总平均值									370.053		

图 8－32 分类汇总结果

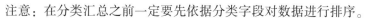

注意：在分类汇总之前一定要先依据分类字段对数据进行排序。

2. 取消分类汇总

要取消分类汇总，只需单击"分类汇总"对话框中的"全部删除"按钮即可。

活动 2　合并计算

在日常工作、学习和生活中，经常需要制作各种各样的表格，当需要汇总多个表格数据的时候，如果不停地切换表格进行统计，不仅烦琐还容易出错，这时可利用 WPS 表格的合并计算功能实现。

统计"成绩表"和"成绩表 2"中学生各科平均成绩和平均总分，将结果存放在"平均成绩表"中。

Step 1：把不能用于合并计算的列移走。　把"成绩表"和"成绩表 2"中的"性别"列移动到数据区域的右边。

Step 2：插入新工作表。　插入新工作表，并命名为"平均成绩表"。

Step 3：单击"合并计算"按钮。　选定所需要放置合并计算结果的左上角单元格，如选定"平均成绩表"中的 A1 单元格，单击"数据"选项卡中的"合并计算"按钮，如图 8 – 33 所示，弹出"合并计算"对话框。

Step 4：在"合并计算"对话框中进行设置。　在"合并计算"对话框的"函数"下拉列表中选择"平均值"选项，在"引用位置"框中引用"成绩表 2! \$C\$2：\$K\$21"区域，单击"添加"按钮添加到"所有引用位置"框中，同样把"成绩表! \$C\$2：\$K\$21"区域添加到"所有引用位置"框中，勾选"首行"和"最左列"复选框，单击"确定"按钮，如图 8 – 34 所示。

图 8 – 33　单击"合并计算"按钮　　　　　图 8 – 34　在"合并计算"对话框中进行设置

Step 5：查看合并计算结果。　此时两张表格的平均结果已操作完成，为第一列手动添加列标签"姓名"，合并计算结果，如图 8 – 35 所示。

	A	B	C	D	E	F	G	H	I
1	姓名	语文	数学	英语	政治	历史	地理	生物	总分
2	刘旦扬	85.5	111	84	47	25.5	19.5	22.5	384.5
3	吴禧文	82.5	91.5	91.5	37.5	36	18	20	366
4	尹伟俊	78	120.5	73	38	23	15.5	20	362
5	王民	76.5	124.5	84.5	43.5	30	24.5	21	392
6	钟立	74	99.5	69.5	36.5	29.5	18	24.5	343
7	万林波	75	113.5	76.5	35.5	30.5	26	25	365.5
8	白科学	62	102	80	29.5	23.5	16	22	326.5
9	傅庆同	60	115.5	74.5	42	29.5	26	21.5	355.5
10	刘磊鑫	85	105.5	65	42.5	26.5	27.5	24	357
11	付华	83	86.5	71	44	36.5	24.5	20	350
12	刘建明	78.5	85	60	36	31.5	17	21.5	323
13	文年顺	72	104.5	70	44	28.5	16	30	343.5
14	熊浩	68.5	82.5	80.5	42.5	23	23	22.5	325
15	李仁风	84	122.5	92.5	44	34	23	20	409
16	陈梦理	73.5	91.5	64.5	42	31.5	20.5	25	338.5
17	胡青	82.5	111.5	78.5	36	31	24	26	377.5
18	陈仲欣	78	89	70	39	28.5	29	19.5	336.5
19	李新怡	71	86	86	38	30	14.5	28	347.5
20	黄文玥	73	108	72	45.5	34.5	28.5	24	365.5

图 8-35 合并计算结果

提示：

　　提示：用于合并计算的多个表格中记录的先后顺序可以不同，列的顺序也可以不同。

素材下载及重难点回看

素材下载　　　　　　　　　　　重难点回看

第二部分 任务工单

任务编号：WPS-8-3	实训任务："电器销售表"数据分类汇总与合并计算	日期：
姓名：	班级：	学号：

一、任务描述

使用 WPS 表格的分类汇总与合并计算功能统计"电器销售表"数据，并保存在"D:\wps 表格\电器销售表.xlsx"中，完成后效果如【任务样张 8.3】所示。

二、【任务样张 8.3】

销售部门	姓名	产品	数量
销售一部	王磊	空调	10
销售一部	王磊	彩电	8
销售一部	王磊	冰箱	5
销售一部	王磊	洗衣机	6

销售部门	姓名	产品	数量
销售一部	王磊	空调	10
销售二部	陈语	空调	11
销售一部	李华	空调	8
销售三部	孙义天	空调	8

销售部门	姓名	产品	数量
销售一部	王磊	空调	10
销售二部	陈语	空调	11
销售一部	王磊	彩电	8
销售一部	李华	空调	8
销售二部	陈语	彩电	9
销售二部	吴江	彩电	8
销售二部	吴江	空调	7
销售三部	孙义天	空调	8

三、任务实施

1. 进行分类汇总：计算"电器销售表"中各员工、各电器以及各销售部的销售情况。

2. 进行合并计算：计算出各员工在 3 张表格中的总销售量。

3. 进行合并计算：计算出各电器在 3 张表格中的总销售量。

续表

任务编号：WPS – 8 – 3	实训任务："电器销售表"数据分类汇总与合并计算		日期：
姓名：	班级：		学号：

4. 保存文件为"D：\wps 表格\电器销售表 . xlsx"。

四、任务执行评价

序号	考核指标	所占分值	备注	得分
1	任务完成情况	30	在规定时间内完成并按时上交任务单	
2	成果质量	70	按标准完成，或富有创意，进行合理评价	
总分				

指导教师：

日期：　　年　　月　　日

工单素材

扫码下载任务单

知识测试与能力训练

一、单项选择题

1. 在进行分类汇总操作前必须进行（　　）操作。

A. 排序
B. 筛选

C. 设置有效性
D. 格式化

2. 用自定义方式筛选出语文成绩在 90 分以上并且数学成绩在 85 分以上（含 85 分）的学生成绩信息，筛选条件可成写（　　）。

A. 语文 >90 且数学 >85
B. 语文 >90 且数学 > = 85

C. 语文 > = 90 或数学 >85
D. 语文 >90 或数学 > = 85

3. 对数据进行（　　）操作，可以使数据清单中只显示要查看的记录。

A. 排序
B. 筛选
C. 分类汇总
D. 合并计算

4. 对于 WPS 表格中的数据排序，下列说法中正确的是（　　）。

A. 只能按 1 个关键字进行排序
B. 只能对数据进行升序排序

C. 最多只能按 2 个关键字排序
D. 只能对数据进行降序排序

二、判断题

1. 合并计算要求表格中记录的顺序相同。　　　　　　　　　　　　　（　　）

2. "性别"字段按升序排序时，先排列男生再排列女生。　　　　　　　（　　）

3. "分类汇总"命令包括分类和汇总两个功能。　　　　　　　　　　　（　　）

4. 可以对数据进行多层筛选。　　　　　　　　　　　　　　　　　　（　　）

三、简答题

1. 分类汇总有什么作用？

2. 合并计算有什么作用？

项目 9
WPS表格中的数据透视表和图表应用

项目概述

想要在 WPS 表格中更直观地把数据呈现出来，可以使用图表和数据透视表功能。当表格中数据较为简单时，可以使用图表快速展现、比对数据，而当数据量大且复杂时，可以使用数据透视表使数据的分析变得更为直观、清晰。

本项目利用"2020 年残奥会奖牌榜"创建图表，利用"成绩表"创建数据透视表，使表中数据直观地展现出来。读者通过学习，可以掌握 WPS 表格中图表和数据透视表的使用技巧，提升对数据的操控能力。

知识目标

➢ 图表的应用；
➢ 数据透视表的使用；
➢ 切片器的使用；
➢ 表格的打印。

技能目标

➢ 会创建和编辑图表；
➢ 能利用图表分析数据；
➢ 会建立和设置数据透视表；
➢ 能利用数据透视表分析数据；
➢ 能按要求打印表格。

素质目标

➢ 培养学生勇于创新的精神；
➢ 培养学生细心踏实的职业精神；
➢ 培养学生发现问题、分析问题、解决问题的能力；
➢ 培养学生勇于奋斗、吃苦耐劳的品德。

任务 9.1　创建"2020 年残奥会奖牌榜"图表

第一部分　知识学习

课前引导

　　在 WPS 表格中使用合理的数据图表，可以很好地将对象属性数据直观、形象地"可视化"，比用数据和文字描述更清晰、更易懂。将工作表中的数据用图表呈现，可以帮用户更好地了解数据间的比例关系及变化趋势，对研究对象做出合理的推理和预测。

任务描述

　　本任务通过把"2020 年残奥会奖牌榜"中的数据以图表形式呈现出来，介绍图表的创建、编辑及美化，同时培养学生勇于奋斗、吃苦耐劳、持之以恒的品德。

任务目标

（1）掌握创建图表的方法；
（2）掌握图表的编辑、美化方法。

【样张 9.1】

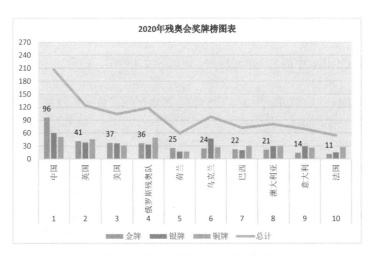

活动 1　制作"2020 年残奥会奖牌榜图表"

　　图表是指可以直观展示统计信息属性，对知识挖掘和信息感受起关键作用的图形结构，是一种很好的将对象属性数据直观、形象地"可视化"的手段。制作图表时要选择适当的图表类型，并对图表进行适当的修饰，使图表更好地传递信息，结合图表分析数据，找到数据间的关系及变化趋势，对研究对象做出合理的推断和预测。

　　1. 图表类型

　　WPS 表格中的图表类型包括柱形图、折线图、饼图、条形图、面积图、股价图、雷达图、组合图、迷你图等。

不同类型的图表具有不同的构成要素，如折线图一般具有坐标轴，而饼图一般没有坐标轴。图表的基本构成要素一般包括标题、刻度、图例和主体等。

1）柱形图

柱形图用于显示一段时间内的数据变化或各项的比较情况。在柱形图中，通常沿水平轴组织类别，而沿垂直轴组织数值。

2）折线图

折线图可以显示随时间（根据常用比例设置）变化的连续数据，因此非常适合显示在相等时间间隔下数据的趋势。在折线图中，类别数据沿水平轴均匀分布，所有数据沿垂直轴均匀分布。

3）饼图

仅排列在工作表的一列或一行中的数据可以绘制到饼图中。饼图显示一个数据系列中各项的大小与各项总和的比例。饼图中的数据点显示为整个饼图的百分比。

4）条形图

排列在工作表的列或行中的数据可以绘制到条形图中。条形图显示各项目的比较情况。

5）面积图

排列在工作表的列或行中的数据可以绘制到面积图中。面积图强调数量随时间变化的程度，也可用于引起人们对总值趋势的注意。例如，表示随时间变化的利润的数据可以绘制在面积图中以强调总利润。

6）股价图

股价图经常用来显示股价的波动。股价图也可用于科学数据。例如，可以使用股价图显示每天或每年温度的波动。必须按正确的顺序组织数据才能创建股价图。

7）雷达图

雷达图用于比较若干数据系列的聚合值。

8）迷你图

迷你图适合放在工作表中的单个单元格内，包括拆线迷你图、柱形迷你图和盈亏迷你图 3 种。

2. 认识图表

图表主要由图表区、绘图区、图例、坐标轴、图表标题、数据系列和网格线、数据标签、数据表等组成，如图 9－1 所示。

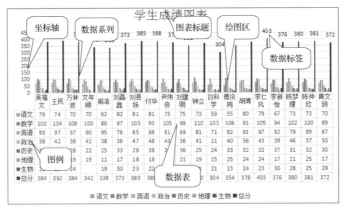

图 9－1　图表组成

1）图表区

整个图表以及图表中的数据称为图表区。在图表区中，当鼠标指针停留在图表元素上方时，会显示元素的名称，从而方便用户查找图表元素。

2）绘图区

绘图区主要显示数据表中的数据，数据随着工作表中数据的更新而更新。

3）图表标题

图表创建完成后，图表中会自动创建标题文本框，只需在标题文本框中输入标题即可。

4）数据标签

图表中绘制的相关数据点的数据来自数据表的行和列。如果要快速标识图表中的数据，可以为图表的数据添加数据标签，在数据标签中可以显示系列名称、类别名称和百分比。

5）坐标轴

在默认情况下，WPS 表格会自动确定图表坐标轴中图表的刻度值，也可以自定义刻度，以满足使用需要。当在图表中绘制的数值涵盖范围较大时，可以将垂直坐标轴改为对数刻度。

6）图例

图例用于标识图表中的数据系列所指定的色或图案。创建图表后，图例以默认的色来显示图表中的数据系列。

7）数据表

数据表是反映图表中源数据的表格，默认的图表一般不显示数据表。单击图表工具中的"添加图表元素"按钮，在弹出的下拉列表中选择"数据表"选项，在其子菜单中选择相应的选项即可显示数据。

8）背景

背景主要用于衬托图标，以使图标更加美观。

3. 制作迷你图

用"2020 年残奥会奖牌榜"中中国的奖牌数据创建迷你柱形图。

Step 1：插入迷你图。　打开"2020 年残奥会奖牌榜"工作表，单击"插入"选项卡中的"柱形"图标，如图 9 - 2 所示，打开"创建迷你图"对话框。

图 9 - 2　插入迷你图

Step 2：在"创建迷你图"对话框中进行设置。　在"创建迷你图"对话框中设置数据范围，如"B2：B21"，放置迷你图的位置为"$E$17"，单击"确定"按钮，如图 9 - 3 所示。

Step 3：查看迷你图表创建效果。　此时根据"2020 年残奥会奖牌榜"中中国的奖牌数创建出了一个迷你柱形图，效果如图 9 - 4 所示。

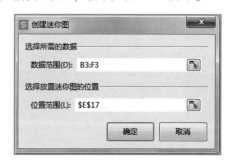

图 9 - 3　在"插入迷你图"对话框中进行设置

图 9 - 4　迷你柱形图效果

清除迷你图的方法为：选中迷你图，单击"迷你图工具"→"清除"按钮，如图 9-5 所示。

4. 制作簇状柱形图

利用"2020 年残奥会奖牌榜"中各国金、银、铜牌数及奖牌总数创建簇状柱形图。

Step 1：选定数据区域。 打开"2020 年残奥会奖牌榜"工作表，选定所需数据区域，如 A2:F12 单元格区域。

Step 2：执行插入图表命令。 单击"插入"选项卡中的"全部图表"按钮，选择"全部图表"命令，如图 9-6 所示，打开"图表"对话框。

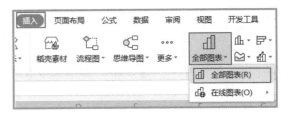

图 9-5　清除迷你图　　　　　　　　　图 9-6　插入图表

Step 3：选择图表类型。 在"图表"对话框中，选择"柱形图"中的"簇状柱形图"图标，再单击图表预览区即可，如图 9-7 所示。

Step 4：查看簇状柱形图效果。 此时根据"2020 年残奥会奖牌榜"中的金、银、铜牌数及奖牌总数创建了一个簇状柱形图，如图 9-8 所示。

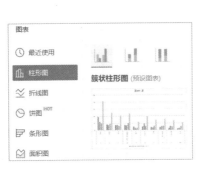

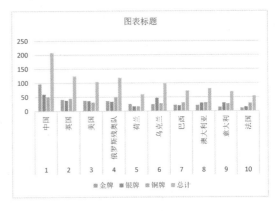

图 9-7　选择图表类型　　　　　　　　图 9-8　簇状柱形图

5. 制作组合图表

利用"2020 年残奥会奖牌榜"中各国奖牌数及奖牌总数创建簇状柱形图和折线图的组合图，其中铜牌数用折线图表示。

Step 1：选定数据区域。 打开"2020 年残奥会奖牌榜"工作表，选定所需数据区域，如 A2：F12 单元格区域。

Step 2：执行插入图表命令。 单击"插入"选项卡中的"全部图表"按钮，选择"全部图表"命令，打开"图表"对话框。

Step 3：选择图表类型。 在"图表"对话框中，选择"组合图"中的"自定义组合"图标，如图 9-9 所示。

Step 4：设置自定义组合。 在"图表"对话框中，单击"插入预设图表"按钮，如图 9 – 10 所示。

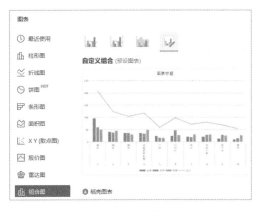

图 9 – 9 选择组合图类型

图 9 – 10 设置自定义组合

Step 5：查看组合图效果。 此时根据"2020 年残奥会奖牌榜"中各国的奖牌数量及奖牌总数创建了一个簇状柱形图和折线图的组合图，如图 9 – 11 所示。

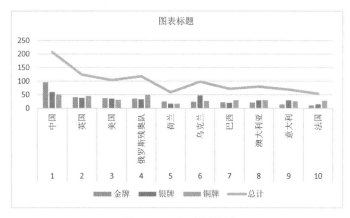

图 9 – 11 组合图效果

活动2 编辑、美化图表

图表创建好后，要想使图表看起来更加美观，可以对图表标题和图例、图表区域、数据系列、绘图区、坐标轴、网格线等进行格式设置。

编辑、美化活动 1 中创建的"2020 年残奥会奖牌榜图表"，使其达到图 9 – 12 所示的效果。

1. 修改图表标题

Step 1：选定图表。

Step 2：修改图表标题。 将图表标题修改为"2020 年残奥会奖牌榜图表"，文字大小设置为"18"，然后单击"加粗"按钮。

2. 设置图表区域格式

Step 1：选择"设置图表区域格式"命令。 选中整个图表区域，然后右击，在弹出的快捷菜单中选择"设置图表区域格式"命令。

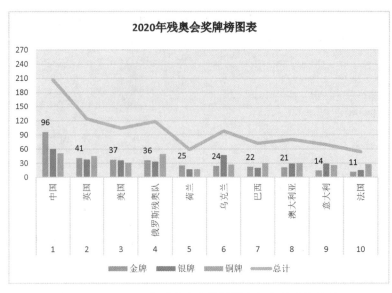

图 9 – 12 "2020 年残奥会奖牌榜图表"修改后的效果

Step 2：设置图表选项。 切换到"图表选项"选项卡，在"填充与线条"页中单击"填充"按钮，在"填充"区域选择"渐变填充"选项（如图 9 – 13 所示），"渐变样式"选择"射线渐变"，"角度"选择"从左下角"（如图 9 – 14 所示）。滑块上的停止点 1 设置"色标颜色"为"白色"，"位置"为"0%"，"透明度"为"0%"，"亮度"为"0%"；停止点 2 设置"色标颜色"为"亮天蓝色"，"位置"为"52%"，"透明度"为"0%"，"亮度"为"40%"；停止点 3 设置"色标颜色"为"亮天蓝色"，"位置"为"83%"，"透明度"为"0%"，"亮度"为"55%"（如图 9 – 15 所示）；停止点 4 设置"色标颜色"为"亮天蓝色"，"位置"为"100%"，"透明度"为"0"，"亮度"为"70%"。切换到"大小"页，勾选"锁定纵横比"复选框，"缩放高度""缩放宽度"均为"120%"，如图 9 – 16 所示。

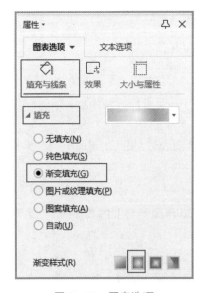

图 9 – 13 图表选项

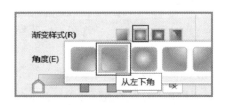

图 9 – 14 渐变样式及角度

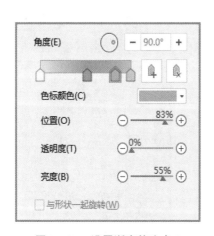

图 9 – 15　设置渐变停止点 3

图 9 – 16　设置图表大小

3. 设置绘图区格式

Step 1：选择"设置绘图区格式"命令。　选中绘图区，右击，在快捷菜单中选择"设置绘图区格式"命令，如图 9 – 17 所示。

Step 2：设置绘图区选项。　在"绘图区选项"组的"填充与线条"页的"填充"组中选择"纯色填充"选项，在"颜色"下拉列表中选择"矢车菊蓝 着色 1 深色 25%"颜色，设置"透明度"为"47%"，如图 9 – 18 所示。

4. 设置数据系列格式

Step 1：选定图表中的"总分"系列。　单击图表中的"总分"系列。

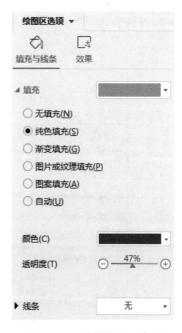

图 9 – 17　选择"设置绘图区格式"命令

图 9 – 18　设置绘图区选项

Step 2：选择"设置数据系列格式"命令。 右击，在弹出的快捷菜单中选择"设置数据系列格式"命令，如图 9-19 所示，弹出"设置数据系列格式"任务窗格。

Step 3：在"系列选项"组中进行设置。 在"系列选项"组中的"系列重叠"框中输入"-50%"，在"分类间距"框输入"50%"，如图 9-20 所示。

图 9-19 选择"设置数据系列格式"命令　　图 9-20 在"系列选项"组中进行设置

5. 设置坐标轴格式

Step 1：选中坐标轴。 单击图表中的垂直坐标轴。

Step 2：选择"设置坐标轴格式"命令。 右击，在弹出的快捷菜单中选择"设置坐标轴格式"命令，如图 9-21 所示，弹出"设置坐标轴格式"任务窗格。

Step 3：设置坐标轴格式。 单击"坐标轴"→"坐标轴选项"按钮，将"边界"→"最小值""最大值"分别设为"0"和"270"，"单位"→"主要"框中输入"30"，如图 9-22 所示。

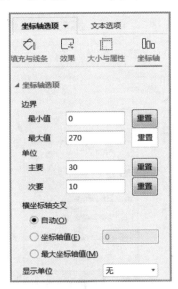

图 9-21 选择"设置坐标轴格式"命令　　图 9-22 设置坐标轴格式

6. 添加数据标签

Step 1：选定图表中的"总计"系列。　单击图表中的"总计"系列。

Step 2：选择"添加数据标签"命令。　右击，在弹出的快捷菜单中选择"添加数据标签"命令，如图 9 - 23 所示。

7. 设置网络线

Step 1：打开"图表工具"选项卡。　单击"图表工具"选项卡。

Step 2：选择"主轴主要水平网格线"命令。　单击"添加元素"下拉按钮，在弹出的下拉菜单中选择"网格线"命令，再从下一级菜单中选择"主轴主要水平网格线"命令，如图 9 - 24 所示。

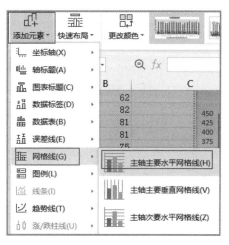

图 9 - 23　选择"添加数据标签"命令　　　图 9 - 24　选择"主轴主要水平网格线"命令

素材下载及重难点回看

素材下载

重难点回看

第二部分　任务工单

任务编号：WPS - 9 - 1	实训任务：制作"电器销售图表"	日期：
姓名：	班级：	学号：

一、任务描述

使用 WPS 表格的图表功能在新工作表中创建"电器销售图表"，并保存在"D:\wps 表格\电器销售表.xlsx"中，完成后效果如【任务样张 9.1】所示。

二、【任务样张 9.1】

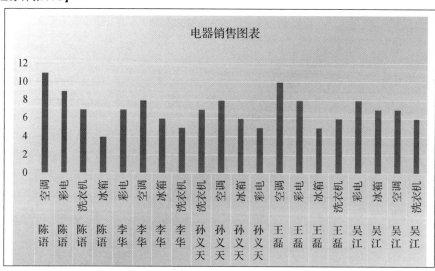

三、任务实施

1. 排序：将"电器销售表"中的数据按"姓名"排序。

2. 插入簇状柱形图。

3. 设置图表标题。

续表

任务编号：WPS – 9 – 1	实训任务：制作"电器销售图表"	日期：
姓名：	班级：	学号：

4. 设置图表区填充颜色。

5. 设置系列颜色。

四、任务执行评价

序号	考核指标	所占分值	备注	得分
1	任务完成情况	30	在规定时间内完成并按时上交任务单	
2	成果质量	70	按标准完成，或富有创意，进行合理评价	
总分				

指导教师：

日期： 年 月 日

工单素材

扫码下载任务单

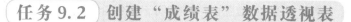

任务9.2　创建"成绩表"数据透视表

第一部分　知识学习

> **课前引导**
>
> 　　数据透视表是一种交互式的表，可以动态地改变版面布置，以便按照不同方式分析数据，也可以重新安排行号、列标和页字段，每次改变版面布置时，数据透视表会立即按照新的布置重新计算数据。另外，如果原始数据发生变化，则可以更新数据透视表。利用数据透视表能快速地对表格进行分析处理，极大减轻工作量。

任务描述

本任务利用"成绩表"中的数据创建数据透视表，对表中的成绩进行分析，帮助人们了解各班各学生的成绩情况以及各门成绩的整体情况，发现问题所在，从而提高学生成绩。

任务目标

（1）掌握数据透视表的创建方法；

（2）掌握切片器的使用方法。

【样张9.2】

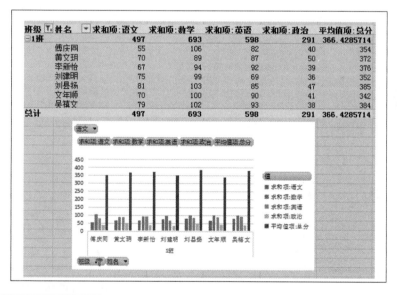

活动1　创建数据透视表

1. 数据透视表

数据透视表是一种交互式的表，可以进行某些计算，如求和与计数等。所进行的计算与数据跟数据透视表中的排列有关。例如，可以水平或者垂直显示字段值，然后计算每一行或列的合计；也可以将字段值作为行号或列标，在每个行、列交汇处计算出各自的数量，然后计算小计和总计。

2. 创建数据透视表

利用"成绩表"的数据创建数据透视表，要求显示各班各门成绩总分及年级各门成绩总分。

Step 1：单击"插入"→"数据透视表"按钮。 打开"成绩表"工作表，选择"成绩表"数据区域的任一单元格，单击"插入"选项卡中的"数据透视表"按钮，如图9-25所示。

图9-25 单击"插入"→"数据透视表"按钮

Step 2：在"创建数据透视表"对话框中进行设置。 在"创建数据透视表"对话框的"请选择要分析的数据"区域选择"请选择单元格区域"选项，区域设置为"A2:J21"，透视表的位置设置为"新工作表"，单击"确定"按钮，如图9-26所示。

Step 3：在"数据透视表"面板中进行设置。 在"数据透视表"面板中，把"班级"和"姓名"字段拖动到"行"区域中，依次勾选"语文""数学""英语""总分"字段，在"值"框中设置各字段的"值汇总方式"为"求和"，如图9-27所示。

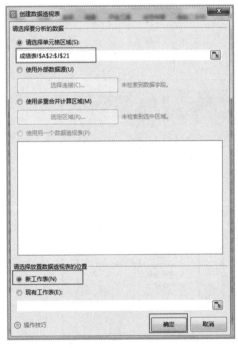

图9-26 在"创建数据透视表"对话框中进行设置　　图9-27 在"数据透视表"面板中进行设置

Step 4：查看数据透视表。 把创建好的数据透视表所在表的标签设置为"成绩数据透视表"，数据透视表效果如图9-28所示。

3. 删除数据透视表

要删除已创建的数据透视表，选择数据透视表中的某个单元格，单击"分析"选项卡中的"删除数据透视表"按钮即可，如图9-29所示。

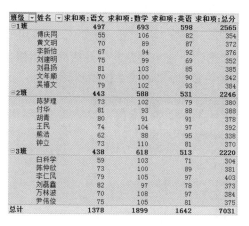

班级	姓名	求和项:语文	求和项:数学	求和项:英语	求和项:总分
1班		497	693	598	2565
	傅庆同	55	106	82	354
	黄文玥	70	89	87	372
	李新怡	67	94	92	376
	刘建明	75	99	69	352
	刘昙扬	81	103	85	385
	文年顺	70	100	90	342
	吴禧文	79	102	93	384
2班		443	588	531	2246
	陈梦理	73	102	79	380
	付华	81	93	88	388
	胡青	80	91	91	378
	王民	74	104	97	392
	熊浩	62	88	95	338
	钟立	73	110	81	370
3班		438	618	513	2220
	白科学	59	103	71	304
	陈仲欣	73	100	89	381
	李仁风	79	105	97	403
	刘磊鑫	82	97	78	373
	万林波	70	108	97	384
	尹伟俊	75	105	81	375
总计		1378	1899	1642	7031

图 9－28 数据透视表效果图

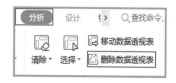

图 9－29 删除数据透视表

活动 2 编辑数据透视表

1. 在数据透视表中增加、删除字段

在“成绩数据透视表”中增加“政治”“历史”字段，然后把“历史”字段删除。

Step 1：打开“数据透视表”面板。 打开“成绩数据透视表”，选择“成绩数据透视表”中的某个单元格，打开“数据透视表”面板。

Step 2：添加“政治”“历史”字段。 在“数据透视表”面板中的字段列表框中勾选“政治”“历史”字段即可，添加字段后的数据透视表如图 9－30 所示。

Step 3：删除“历史”字段。 在“数据透视表”面板中的字段列表框中取消勾选“历史”字段即可，删除“历史”字段后的数据透视表如图 9－31 所示。

班级	姓名	求和项:语文	求和项:数学	求和项:英语	求和项:总分	求和项:政治	求和项:历史
1班		497	693	598	2565	291	221
	傅庆同	55	106	82	354	40	33
	黄文玥	70	89	87	372	50	30
	李新怡	67	94	92	376	39	37
	刘建明	75	99	69	352	36	36
	刘昙扬	81	103	85	385	47	28
	文年顺	70	100	90	342	41	22
	吴禧文	79	102	93	384	38	35
2班		443	588	531	2246	251	183
	陈梦理	73	102	79	380	46	31
	付华	81	93	88	388	48	38
	胡青	80	91	91	378	36	32
	王民	74	104	97	392	42	32
	熊浩	62	88	95	338	38	25
	钟立	73	110	81	370	41	25
3班		438	618	513	2220	208	175
	白科学	59	103	71	304	11	24
	陈仲欣	73	100	89	381	37	32
	李仁风	79	105	97	403	43	32
	刘磊鑫	82	97	78	373	36	33
	万林波	70	108	97	384	38	28
	尹伟俊	75	105	81	375	43	26
总计		1378	1899	1642	7031	750	579

图 9－30 添加字段后的数据透视表

班级	姓名	求和项:语文	求和项:数学	求和项:英语	求和项:总分	求和项:政治
1班		497	693	598	2565	291
	傅庆同	55	106	82	354	40
	黄文玥	70	89	87	372	50
	李新怡	67	94	92	376	39
	刘建明	75	99	69	352	36
	刘昙扬	81	103	85	385	47
	文年顺	70	100	90	342	41
	吴禧文	79	102	93	384	38
2班		443	588	531	2246	251
	陈梦理	73	102	79	380	46
	付华	81	93	88	388	48
	胡青	80	91	91	378	36
	王民	74	104	97	392	42
	熊浩	62	88	95	338	38
	钟立	73	110	81	370	41
3班		438	618	513	2220	208
	白科学	59	103	71	304	11
	陈仲欣	73	100	89	381	37
	李仁风	79	105	97	403	43
	刘磊鑫	82	97	78	373	36
	万林波	70	108	97	384	38
	尹伟俊	75	105	81	375	43
总计		1378	1899	1642	7031	750

图 9－31 删除“历史”字段后的数据透视表

2. 更改字段汇总方式

更改数据透视表中“总分”字段的汇总方式为求平均值，并把“总分”字段放置在数据透视表的最右列。

Step 1：打开“数据透视表”面板。 打开“成绩数据透视表”，选择“成绩数据透视表”中的某个单元格，打开“数据透视表”面板。

Step 2：更改“求和项：总分”的位置。 在“数据透视表”面板中“数据透视表区域”

组的"值"框中,将"求和项:总分"拖动到"求和项:政治"下面。

Step 3:更改"求和项:总分"的汇总方式。 单击"求和项:总分",在弹出的菜单中点击"值字段设置"选项,如图9-32所示,在弹出的"值字段设置"对话框的"值字段汇总方式"列表框中选择"平均值"选项,单击"确定"按钮,如图9-33所示。

图9-32 单击"值字段设置"选项　　　图9-33 在"值字段设置"对话框中进行设置

3. 切片器

在数据透视表中可以使用切片器对数据透视表中的数据进行筛选。

在"成绩数据透视表"中筛选出"一班"语文成绩不及格的记录,操作步骤如下。

Step 1:选择"插入切片器"命令。 打开"成绩数据透视表",选择"分析"选项卡中的"插入切片器"命令。

Step 2:在"插入切片器"对话框中进行设置。 在"插入切片器"对话框中勾选"班级"和"语文",单击"确定"按钮,如图9-34所示。

Step 3:设置"班级"和"语文"切片器。 在"班级"切片器中单击"1班",在"语文"切片器中单击"55",如图9-35所示。

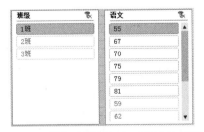

图9-34 在"插入切片器"对话框中进行设置　　　图9-35 设置"班级"和"语文"切片器

Step 4：查看设置切片器后的数据透视表。 设置切片器后的数据透视表如图 9–36 所示。

班级 ⊤	姓名 ▼	求和项:语文	求和项:数学	求和项:英语	求和项:政治	平均值项:总分
⊟1班		55	106	82	40	354
	傅庆同	55	106	82	40	354
总计		55	106	82	40	354

图 9–36 设置切片器后的数据透视表

删除切片器的方法为：右击切片器，选择"删除"命令。

4. 数据透视图

利用"成绩数据透视表"制作"成绩数据透视图"，在"成绩数据透视图"中筛选出"2班"的成绩略图表。

Step 1：插入数据透视图。 打开"成绩数据透视表"，选定"成绩数据透视表"中的任一单元格，插入簇状柱形图。

Step 2：筛选数据透视图中的数据。 在数据透视图中单击"班级"，在面板中取消勾选"全部"，勾选"2班"，如图 9–37 所示。

Step 3：查看筛选数据后的数据透视图效果。 筛选数据后的数据透视图效果如图 9–38所示。

图 9–37 设置筛选数据

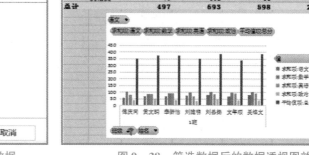

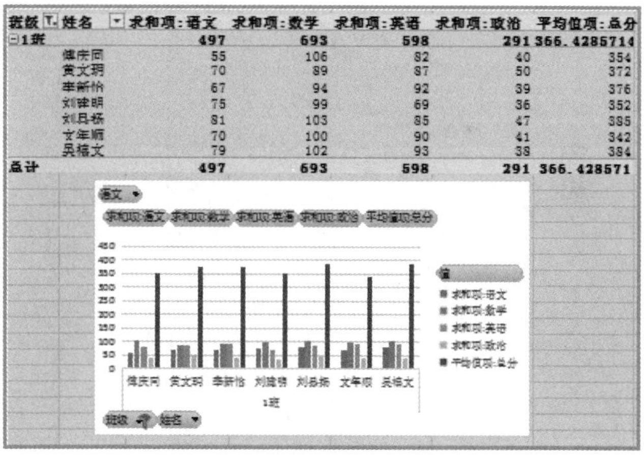

图 9–38 筛选数据后的数据透视图效果

活动3 WPS 表格输出

1. 打印设置

打印输出工作表之前，要对工作表进行打印设置，如页面、页边距、页眉和页脚等设置。这些设置可以在"页面设置"对话框中完成。

Step 1：执行"页面设置"命令。 打开"成绩表"，执行"页面布局"→"页面设置"命令，如图 9–39 所示。

图 9 – 39 执行 "页面设置" 命令

Step 2：在 "页面设置" 对话框中进行设置。 在 "页面设置" 选项卡中分别设置 "页面"
"页边距" "页眉/页脚" 和 "工作表" 选项卡。

（1）设置 "页面" 选项卡，如图 9 – 40 所示。

①方向：设置打印的方向为 "纵向" 或 "横向"。

②缩放：设置打印缩放方式和比例。

③打印机名：设置所选择的打印机名称。

④纸张大小：选择打印纸的类型和大小。

⑤打印质量：在下拉列表中选择打印的分辨率，打印的质量要求越高打印速度越慢。

⑥起始页码：在该输入框中输入打印首页的页码。

⑦打印：按照修改后的设置开始打印。

⑧打印预览：按照修改后的设置预览打印的效果。

（2）设置 "页边距" 选项卡，如图 9 – 41 所示。

①上、下、左、右：设置表格到页边之间的距离。

②页眉、页脚：设置页眉和页脚到上、下边的距离，必须小于上、下页边距的值。

③居中方式：设置表格内容在页面中的位置，有 "水平居中" 和 "垂直居中" 两种。

图 9 – 40 "页面" 选项卡

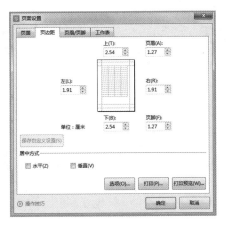

图 9 – 41 "页边距" 选项卡

（3）设置 "页眉/页脚" 选项卡，如图 9 – 42 所示。

①页眉：指表格打印后每页最上方显示的内容，可以用来显示当前页码和总页数，也可以通过 "自定义页眉" 按钮设置。

②页脚：指表格打印后每页最下方显示的内容，可以用来显示当前页码和总页数，也可以通过 "自定义页脚" 按钮设置，如显示工作簿的名称。

③奇偶页不同：如果需要为表格奇偶页的页眉或页脚设置不同内容，可勾选 "奇偶页不同" 复选框。

（4）设置 "工作表" 选项卡，如图 9 – 43 所示。

①打印区域：用于选定工作表打印的区域，默认为整个工作表，若只打印部分区域，则在输入框中输入需打印区域的地址。

②打印标题：用来对工作表设置各页打印相同的标题行或标题列。

③打印：选择是否打开网格线、是否进行单色打印、是否打印行号列标以是否打印批注。

图 9-42　"页眉/页脚"选项卡　　　　　图 9-43　"工作表"选项卡

2. 打印预览

页面设置完成后，可以通过"页面布局"→"打印预览"功能来快速预览页面打印的效果，如图 9-44 所示。

图 9-44　打印预览

3. 打印工作表

进行页面设置及打印预览后，如果效果令人满意，则单击"直接打印"按钮即可打印，如图 9-45 所示。

图 9-45　直接打印

素材下载及重难点回看

素材下载

重难点回看

第二部分　任务工单

任务编号：WPS-9-2	实训任务：制作"电器销售表"数据透视图	日期：
姓名：	班级：	学号：

一、任务描述

使用 WPS 表格的图表功能在新工作表中创建"电器销售图表"，并保存在"D：\wps 表格\电器销售表.xlsx"中，完成后效果如【任务样张 9.1】所示。

二、【任务样张 9.2】

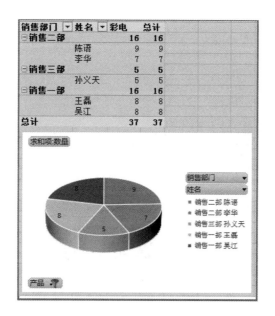

三、任务实施

1. 利用"电器销售表"中的数据创建数据透视表。

2. 插入饼图数据透视图。

续表

任务编号：WPS-9-2	实训任务：制作"电器销售表"数据透视图	日期：
姓名：	班级：	学号：

3. 在数据透视图中筛选出"彩电"的占比情况。

4. 为各数据系列添加数据标签。

四、任务执行评价

序号	考核指标	所占分值	备注	得分
1	任务完成情况	30	在规定时间内完成并按时上交任务单	
2	成果质量	70	按标准完成，或富有创意，进行合理评价	
	总分			

指导教师：

日期： 年 月 日

工单素材

扫码下载任务单

知识测试与能力训练

一、单项选择题

1. 在 WPS 表格中，用（　　　）图表类型表示数据的占比情况。

A. 柱形图　　　　　　B. 条形图　　　　　C. 饼图　　　　　　　　D. 拆线图

2. 在 WPS 表格中，用（　　　）图表类型表示出数据的变化趋势。

A. 柱形图　　　　　　B. 条形图　　　　　C. 饼图　　　　　　　　D. 拆线图

3. 图表中包含数据系列的区域叫作（　　　）。

A. 绘图区　　　　　　B. 图表区　　　　　C. 标题区　　　　　　　D. 标签区

4. 迷你图不包括下列哪种类型？（　　　）

A. 柱形迷你图　　　　　　　　　　　　B. 盈亏迷你图

C. 折线迷你图　　　　　　　　　　　　D. 散点迷你图

二、判断题

1. 表中数据更改后，图表会自动变化。　　　　　　　　　　　　　　　（　　　）

2. 饼图数据只能是表中的某一列或某一行。　　　　　　　　　　　　　（　　　）

3. 在数据透视表中不可以筛选数据。　　　　　　　　　　　　　　　　（　　　）

4. 在数据透视表中可以更改字段汇总方式。　　　　　　　　　　　　　（　　　）

5. 组合图可以是任意两种图形的组合。　　　　　　　　　　　　　　　（　　　）

三、简答题

1. WPS 图表有哪几种类型？

2. 数据透视表中的切片器有什么作用？

第四部分　WPS演示

项目 **10**
WPS演示文稿中幻灯片的创建

项目概述

WPS 演示是创作演示文稿的软件，可以用演示文稿编辑模块来创建和显示图形演示文稿。WPS 演示所生成的演示文稿可以包含文本、图形、图表、动画、声音剪辑、背景音乐以及全运动视频等。利用 WPS 演示可以让冗长枯燥的报告变成条理清晰、富有表现力的屏幕幻灯片，它能够把所要表达的信息组织在一组图文并茂的画面中。WPS 演示被广泛应用于会议、产品展示和教学课件、工作汇报等领域。本项目先介绍 WPS 演示的功能界面，然后介绍 WPS 演示的主要功能及基本操作。

本项目通过制作《可爱的家乡》演示文稿，主要介绍 WPS 文稿的创建与保存、幻灯片的插入、复制、删除等操作，根据要求设置幻灯片母版。

通过学习，读者可以掌握使用 WPS 演示文稿的创建和编辑演示文稿的知识，为深入学习 WPS 演示的知识奠定基础。

知识目标

➢ 创建与保存演示文稿；
➢ 插入、删除、移动和复制幻灯片；
➢ 编辑幻灯片母版；
➢ 在幻灯片中插入文本，制作《可爱的家乡》演示文稿。

技能目标

➢ 学会演示文稿的几种创建方法；
➢ 能对幻灯片进行基本的操作；
➢ 能根据要求设置幻灯片母版；
➢ 掌握演示文稿的版式、主题、模板以及配色方案等格式设置方法。

素质目标

➢ 培养学生不断学习新知识、接受新事物的创新能力；
➢ 培养学生正确的思维方法和工作方法；
➢ 培养学生发现问题、解决问题的可持续发展能力；
➢ 让学生铭记历史，继承长征精神；
➢ 培养学生树立正确的世界观、人生观、价值观，珍惜今天的幸福生活。

任务 10.1　制作《可爱的家乡》演示文稿

第一部分　知识学习

课前引导

　　小吴同学利用假期回了一趟老家婺源旅游，回到学校后，有同学问他婺源有什么特色旅游景点，小吴说了很多，可同学还是没有很清楚他所表达的内容，小吴灵机一动，决定用演示文稿来表现家乡风貌。

任务描述

　　使用 PPT 可以方便地将文字、图片、音频和视频等视觉元素组合起来，使会议和教学更加快捷、生动。好的 PPT 可以使复杂的东西简单化，辅助演讲者准确地传递信息，让观众更简单、直接地接受和理解这些信息，从而提高演示的效果。

任务目标

（1）掌握在幻灯片中插入文本的方法；

（2）掌握幻灯片的插入、删除、移动和复制等操作；

（3）掌握幻灯片版式的更改方法；

（4）掌握应用主题的方法；

（5）掌握保存和关闭演示文稿的方法。

【样张 10.1】

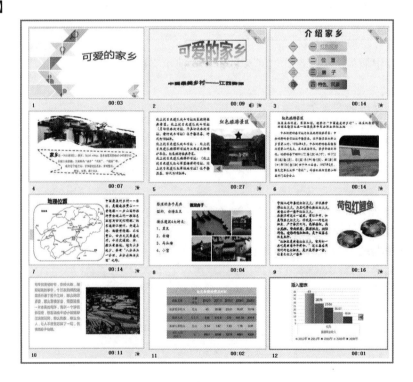

启动 WPS 演示软件，即可成功创建一种演示文稿。下面介绍创建演示文稿的方法。空白演示文稿是最简单的演示文稿，没有应用模板设计、配色方案以及动画方案，可以自由设计。

1. 新建空白演示文稿

1）创建演示文稿

> **Step 1：启动 WPS Office 2019。**　双击桌面上的"WPS Office"快捷图标 或单击"开始"菜单，选择"所有程序"→"WPS Office"命令来启动 WPS Office 2019。

> **Step 2：新建空白演示文稿。**　WPS Office 2019 启动完成后，在主界面中单击"新建"按钮进入"新建"页面，在窗口上方选择要新建的程序类型"演示"，如图 10 - 1 所示，然后单击"+"按钮即可。

启动 WPS 演示文稿时，如果只启动程序而未打开任何 WPS 文件，系统将自动建立一个名为"演示文稿 1"的空白演示文稿。WPS 演示初始界面有：标题栏、选项卡、自定义快速访问工具栏、幻灯片编辑区、功能区域、幻灯片/大纲窗格、任务窗格区等。

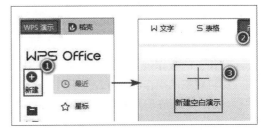

图 10 - 1　创建演示文稿

2）使用模板创建演示文稿

模板包含版式、主题颜色、背景样式等。

操作：选择"文件"→"新建"→"演示"命令，在"品类专区"选择需要的类别，再在类别中选择需要的类型，即可看到新建的演示文稿效果。

WPS Office 2019 演示文稿默认显示普通视图，该视图主要用于调整演示文稿的结构及编辑单张幻灯片中的内容。为了满足用户的不同需求，WPS 演示提供了多种视图模式用以编辑和查看幻灯片。单击"视图"选项卡，可切换到相应的视图模式，如图 10 - 2 所示。

图 10 - 2　"视图"选项卡

1. 普通视图

WPS 演示默认显示普通视图，在该视图中可以同时显示幻灯片编辑区、幻灯片/大纲窗格以及备注窗格。在普通视图下，用户可以看到幻灯片的全貌，也可以对单张幻灯片进行编辑。

2. 幻灯片浏览视图

在幻灯片浏览视图下，可以浏览整个演示文稿中所有幻灯片的整体结构与效果，可以改变各个幻灯片的配色方案与版式，也可以改变幻灯片的位置，进行复制或删除等各种操作。在幻灯片浏览视图下，用户不能对单张幻灯片进行编辑操作。

3. 阅读视图

阅读视图仅显示标题栏、阅读区和状态栏，主要用于浏览幻灯片的内容。在阅读视图下，演示文稿中的幻灯片将以窗口大小进行放映。

4. 幻灯片放映视图

在幻灯片放映视图下，演示文稿中的幻灯片将以全屏动态放映。该视图主要用于预览幻灯片制作完成后的放映效果，以便及时对放映过程中不满意的地方进行修改，测试插入的动画、更改声音等效果，还可以在放映过程中标注重点，观察每张幻灯片的切换效果等。

5. 备注视图

备注视图与普通视图相似，只是没有幻灯片/大纲窗格，在此视图下幻灯片编辑区中完全显示当前幻灯片的备注信息。

活动3 幻灯片的基本操作

创建一个演示文稿以后，需要对演示文稿进行编辑，对演示文稿的编辑包括两个部分：一是对每张幻灯片（演示文稿中的每个页面）的内容进行编辑操作；二是对演示文稿中的幻灯片进行管理，例如插入新幻灯片、删除幻灯片、复制或移动幻灯片等。无论哪种操作，首先都要选中幻灯片。

1. 插入幻灯片

该任务的操作包含新幻灯片文本的输入及格式设置、图片的插入和设置。在 PPT 中，所有插入编辑对象的操作都要在幻灯片中进行。因此，插入幻灯片是其他操作的基础，只有插入幻灯片后，用户才能在幻灯片中插入编辑各种对象。幻灯片的插入一般应用在两个幻灯片之间，包括三种方法。

Step 1：将光标放置在两个幻灯片之间，右击选择"新建幻灯片"命令，就可以在两个幻灯片之间插入一张新的幻灯片。

Step 2：选中一张幻灯片，选择"开始"或"插入"选项卡中的"新建幻灯片"命令，在弹出的幻灯片版式中选择所需的版式，新建的幻灯片将会在选中的幻灯片下方出现。

Step 3：在大纲/幻灯片窗格中，单击幻灯片下的"+"号，也可以插入一张新的幻灯片，如图10 – 3所示。

图10 – 3 插入幻灯片

知识点：

幻灯片版式：

（1）版式：指 PPT 内容在页面上的分布情况，就是幻灯片中的文本，包括正文和标题、图片、表格等对象在幻灯片中的布局版式。

单击"开始"选项卡→"版式"下拉按钮，可以看到演示文稿幻灯片包含了标题、标题和内容、空白、图片与标题等 11 种内置版式，可以直接新建指定版式的幻灯片，还可以对已有幻灯片的版式进行修改，如图 10 - 4 所示。

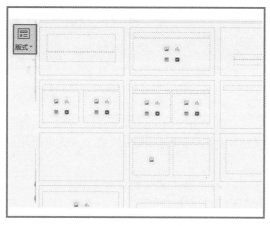

图 10 - 4　幻灯片版式

幻灯片主题模板：

（1）主题：主题三要素——颜色、字体、效果。

（2）操作：选择"设计"→"更多设计"选项，选择所需主题即可，如图 10 - 5 所示。

图 10 - 5　幻灯片主题模板

2. 移动幻灯片

Step 1：　在幻灯片/大纲窗格中选择要移动的幻灯片，然后按住鼠标左键并将其拖动到目标位置释放即可。

Step 2：　通过剪切 - 粘贴的方式实现幻灯片的移动。选中单张或多张幻灯片后右击，选择"剪切"命令；在需要插入的位置右击，选择"粘贴"命令。

3. 复制幻灯片

Step 1：　在幻灯片/大纲窗格中选择要复制的幻灯片，单击"开始"选项卡→"剪贴板"组功能区的"复制"按钮，然后单击目标位置后选择"粘贴"命令。

Step 2：　在幻灯片/大纲窗格中右击要复制的幻灯片，在弹出的快捷菜单中选择"复制幻灯片"命令。

技巧：

在幻灯片/大纲窗格中选中要复制（或移动）的幻灯片，按"Ctrl + C"（或"Ctrl + X"）组合键进行复制（或移动），然后将光标定位到要插入幻灯片的位置，按"Ctrl + V"组合键。

4. 删除幻灯片

Step 1： 选中要删除的幻灯片，右击，选择"删除"命令。

Step 2： 选中要删除的幻灯片，按 Backspace 键或 Delete 键删除幻灯片。

5. 隐藏幻灯片

有时用户在播放幻灯片时，需要阻止某张幻灯片的播放，可以利用"隐藏幻灯片"命令实现该功能。

Step 1： 选中幻灯片，选择"放映"选项卡→"隐藏幻灯片"命令。此时该张幻灯片的编号上面将出现一条反斜杠和一个方框，表示该幻灯片被隐藏，如果想要取消隐藏，只需再次执行该命令即可，如图 10 - 6 所示。

Step 2： 选中需要隐藏的幻灯片，右击选择"隐藏幻灯片"命令。

6. 选择幻灯片

Step 1： 选中不连续的多张幻灯片。在需要选择的第一张幻灯片上单击，然后按住 Ctrl 键，依次在需要选择的幻灯片上单击，可选中不连续的多张幻灯片。

Step 2： 选中连续的多张幻灯片，在需要选择的第一张幻灯片上单击，然后按住 Shift 键，在最后一张幻灯片上单击，可选中连续的多张幻灯片。

Step 3： 如果要全选幻灯片，按"Ctrl + A"组合键。

图 10 - 6　隐藏幻灯片

活动4　保存和关闭文档

创建演示文稿后应及时保存，避免意外（如断电）因素导致数据丢失的风险。如果仅对演示文稿进行修改，再次进行保存操作时单击"保存"按钮。

1. 保存演示文稿

1）保存新建的演示文稿

Step 1： 单击快速访问栏中的保存按钮。

Step 2： 按"Ctrl + S"组合键保存。

Step 3： 选择"文件"→"保存"或"另存为"命令。

2）保存已有的演示文稿

选择"文件"→"保存"命令，则已打开并修改过的演示文稿将会覆盖原有的演示文稿。选择"文件"→"另存为"命令，则打开"另存为"对话框，修改过的演示文稿以新的文件名保存，或保存到其他位置，而原有的演示文稿依然保存在原有位置，如图 10 – 7 所示。

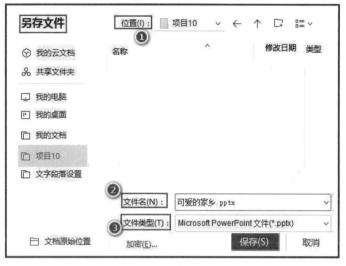

图 10 – 7 "另存为"对话框

3）将演示文稿保存为模板

为了提高工作效率，可根据需要将制作好的演示文稿保存为模板，以备以后制作同类演示文稿时使用。其方法是：选择"文件"→"保存"命令，打开"另存为"对话框，在"文件类型"下拉列表中选择"WPS 演示模板"选项，单击"保存"按钮。

技巧：

（1）保存文件时要记住三要素：文件保存路径、文件名称、文件类型。

（2）在操作的过程中养成一个良好习惯，即边操作，边保存，在制作的过程中，随时按保存文件组合键"Ctrl + S"。

注意： WPS 演示文稿的文件保存类型为"WPS 演示文件 *.dps"，但在日常使用过程中，为了方便，通常把它设置成与"PowerPoint 演示文件 *.pptx"兼容，即 WPS 演示可以打开嵌入文档的对象，还支持将 WPS 演示文件嵌入 IE 浏览器、OA 等第三方软件。

2. 关闭和打开演示文稿

1）打开演示文稿

用户可以将在计算机中保存的演示文稿打开查看或编辑，同样也可以将不需要编辑的演示文稿关闭。下面介绍打开和关闭演示文稿的步骤。

Step 1： 启动 WPS 演示，选择"文件"→"打开"命令，如图 10 – 8 所示。

Step 2： 弹出"打开文件"对话框，选择文件所在位置和文件名称，选中文件，单击"打开"按钮，如图 10 – 9 所示。

2）关闭演示文稿

关闭当前打开的演示文稿，常用以下几种方法实现。

Step 1： 单击 WPS 演示工作界面标题栏右侧的关闭按钮。

Step 2： 选择"文件"→"退出"命令。

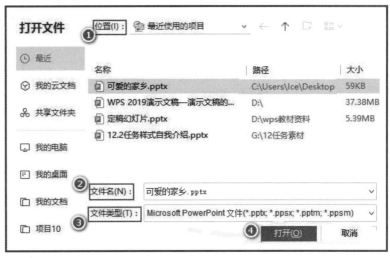

图 10 - 8 "打开"命令　　　　　　　图 10 - 9 "打开文件"对话框

素材下载及重难点回看

素材下载

重难点回看

第二部分　任务工单

任务编号：WPS – 10 – 1	实训任务：创建演示文稿	日期：
姓名：	班级：	学号：

一、任务描述

创建演示文稿，插入 11 张不同版式的幻灯片，演示文稿的主题不限，并保存为"D：\wps\名字＋个人简介 . pptx"，操作过程如【任务样张 10. 2】【任务样张 10. 3】所示。

二、【任务样张 10. 2】

【任务样张 10. 3】

任务编号：WPS - 10 - 1	实训任务：创建演示文稿	日期：
姓名：	班级：	学号：

三、任务实施

1. 创建演示文稿。

2. 插入 11 张幻灯片，要求用不同版式。

3. 学会应用 WPS Office 2019 的演示文稿主题和模板。

4. 保存文件。

四、任务执行评价

序号	考核指标	所占分值	备注	得分
1	任务完成情况	30	在规定时间内完成并按时上交任务单	
2	成果质量	70	按标准完成，或富有创意，进行合理评价	
总分				

指导教师：

日期： 年 月 日

工单素材

扫码下载任务单

任务 10.2　编辑《可爱的家乡》演示文稿

第一部分　知识学习

课前引导

通过前一个任务的学习可以发现，在创建的《可爱的家乡》演示文稿中，每张幻灯片中都没有内容，因此它是没有灵魂的。在本任务中，学习在幻灯片中插入文本对象和制作幻灯片母版。

任务描述

本任务在幻灯片中插入文字，在幻灯片中对文字进行布局，以丰富幻灯片的内容。通过本任务的学习，学生可以掌握演示文稿中的文字设置、段落设置和模板建立的方法，为深入学习 WPS 演示奠定基础。

任务目标

（1）占位符的概念；

（2）设置幻灯片母版；

（3）设置文本格式；

（4）设置对齐方式；

（5）设置段落格式。

【任务样张 10.4】

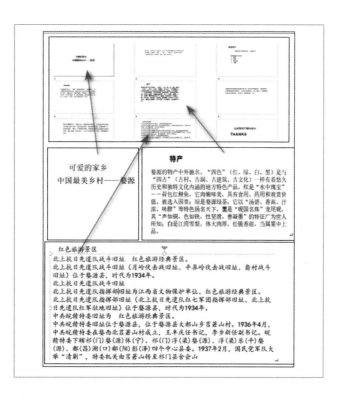

活动1 占位符与文本编辑

WPS 演示不能直接在幻灯片中输入文字，只能通过占位符或文本框添加文本、图片等，添加文字后可以对文字进行字体、颜色等的设置。

1. 占位符的概念

演示文稿中的文字是在一个虚框中输入的，这个虚框称为"占位符"。占位符是带有虚线边框的框，在绝大部分幻灯片版式中都能见到它，这些虚框能容纳标题和正文以及图表、表格和图片等对象。虚框内部往往有"单击此处添加标题"之类的提示语，一旦在虚框内单击，提示语将自动消失。

在创建幻灯片时，每种版式的幻灯片中都预置了占位符的位置，用户可通过选择、移动与调整占位符来修改幻灯片的版式。

Step 1：移动占位符。 占位符在幻灯片中的位置不是固定不变的，是可以进行移动的，在占位符的边框上单击并进行移动即可移动占位符的位置。

Step 2：调整占位符的大小。 用鼠标拖动 8 个柄，可放大或缩小占位符。

2. 文本输入

文本输入，是指在幻灯片中使用占位符和文本框输入文本。如果需要在演示文稿幻灯片的占位符以外的位置添加文本，必须借助文本框，然后在文本框中添加文本，如图 10 – 10 所示。

> 红色旅游景区
> 北上抗日先遣队战斗旧址　红色旅游经典景区。
> 北上抗日先遣队战斗旧址（月岭伏击战旧址、平鼻岭伏击战旧址、裔村战斗旧址）位于婺源县，时代为1934年。
> 北上抗日先遣队战斗旧址
> 北上抗日先遣队指挥部旧址为江西省文物保护单位、红色旅游经典景区。
> 北上抗日先遣队指挥部旧址（北上抗日先遣队红七军团指挥部旧址、北上抗日先遣队红军驻地旧址）位于婺源县，时代为1934年。

图 10 – 10　输入文本效果

活动2 设置幻灯片母版

幻灯片母版是一类特殊的幻灯片，它能够控制基于它的所有幻灯片。母版包含每张幻灯片的文本格式和位置、项目符号、页脚的位置、背景图案等一系列重要信息。幻灯片母版可以控制演示文稿中所有幻灯片的外观。

除了幻灯片母版，WPS 演示还包括讲义母版和备注母版，但幻灯片母板是最常用的。

1. 幻灯片母版

打开幻灯片母版的方法如下。

Step 1： 在"视图"选项卡的"母版视图"组中选择"幻灯片母版"命令即可进入幻灯片母版视图，如图 10 – 11 所示。

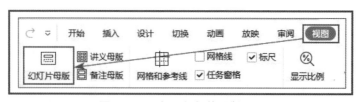

图 10 – 11　打开幻灯片母版(1)

Step 2：　选择"设计"选项卡中的"编辑母板"命令也可以打开幻灯片母版，如图 10 – 12 所示。

图 10 – 12　打开幻灯片母版(2)

2. 幻灯片母版视图

如图 10 – 13 所示，可以看到幻灯片母版分为主母版和版式母版，更改主母版，则所有页面都会发生改变。幻灯片母版包含标题样式和文本样式，通常可以使用幻灯片母版进行操作。

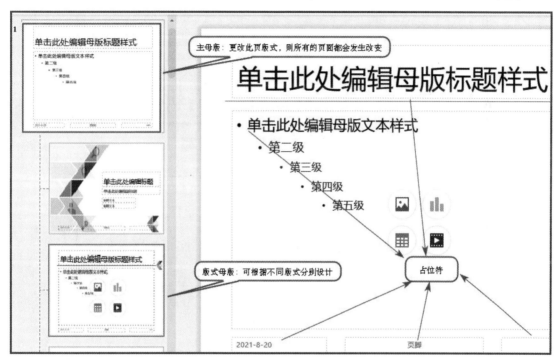

图 10 – 13　幻灯片母版详细说明

1）更改字体样式

Step 1：　打开《可爱的家乡》演示文稿。

Step 2：　在幻灯片母版设计界面，单击第一张演示文稿主母版，在这张幻灯片上设计的标题样式和文本样式会应用于下面的 11 种子母版。

Step 3：　在主母版上设置标题样式为"华文楷体，字号 48，字体红色、加粗"，如图 10 – 14 所示。

Step 4：　设置文本样式为"华文楷体、字号 36、字体紫色"。

Step 5：　单击幻灯片母版下的"关闭"按钮，这时可以看到《可爱的家乡》演示文稿的标题和文本内容都发生了改变，如图 10 – 15 所示。

2）更改项目符号

Step 1：　单击演示文稿主母版文本样式。

Step 2：　将原来带填充效果的大圆形项目符号改为箭头项目符号。具体项目符号的设置可参照 Word 的项目设置。

Step 3：　设置完成后关闭母版视图模式，切换到正常幻灯片，对比效果，如图 10－16 和图 10－17 所示。

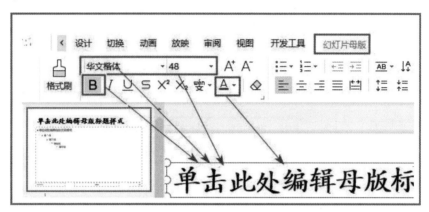

图 10－14　幻灯片母版标题样式设置

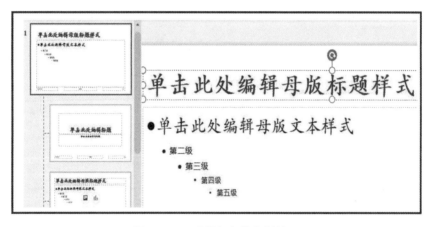

图 10－15　设置幻灯片母版效果

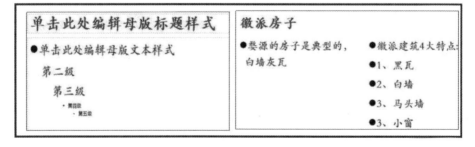

图 10－16　更改项目符号前

图 10 – 17　母版插入项目符号后

3. 讲义母版

讲义母版用来编辑演示文稿讲义的外观，包括版式、页眉和页脚以及背景等。

选择"视图"→"母版视图"组→"讲义母版"命令即可进入"讲义母版"视图。

单击"讲义母版"视图工具栏上的按钮，可以选择在一页中打印 1 张，2 张，3 张，4 张，6 张或 9 张幻灯片，利用设置页眉和页脚的方法，可为讲义母版添加页眉、页脚、日期及页码等信息，如图 10 – 18 所示。

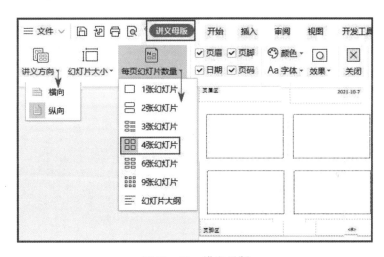

图 10 – 18　讲义母版

4. 备注母版

如果演讲者把所有内容及要讲的话都放到幻灯片上，演讲就会变得枯燥无味，没有激情。因此，用户在制作演示文稿时，把需要展示给观众的内容放到幻灯片上，不需要展示给观众的内容写在备注里，这样备注母版就应运而生。

注意：

在新建幻灯片时，母版设置还有其他作用：若常常要新建一个同样的幻灯片样式，可以在母版内存储这个样式，以方便下次新建幻灯片时有一个属于你自己的模板（保存文件类型为"＊. dpt"）。

技巧：

更改幻灯片母版有以下特点：

（1）更改幻灯片母版后幻灯片中的内容并不会改变；

（2）幻灯片中的所有更改都会影响所有基于母版的幻灯片；

（3）如果先前幻灯片更改的项目符号与模板更改的项目符号相同，则保留先前的更改。

素材下载及重难点回看

素材下载   重难点回看

第二部分　任务工单

任务编号：WPS-10-2	实训任务：文字、段落、母版的设置	日期：
姓名：	班级：	学号：

一、任务描述

打开素材，创建一个新的演示文稿，对幻灯片进行文字、段落、母版等的设置，操作完后保存为"D：\wps\长征精神.dpt"，参考【任务样张 10.4】。

二、【任务样张 10.4】

三、任务实施

1. 创建演示文稿。

2. 根据内容插入不少于 11 张幻灯片。

3. 对演示文稿中的幻灯片版式设置不少于 3 种版式，对幻灯片的标题、文字进行格式化，要求设置不同的字体、字号、颜色等，设置段落的对齐方式、段落行间距、项目符号等。操作完后将文件保存为"D：\wps\长征精神.dpx"。

续表

任务编号：WPS-10-2	实训任务：文字、段落、母版的设置	日期：
姓名：	班级：	学号：

4. 打开《长征精神》演示文稿，根据所学的知识设置一个母版样式，要求对字体、段落进行相应设置。看看设置后的效果，把设置母版样式后的演示文稿另存为"D：\wps\长征精神(母版).dpx"。

5. 保存文件。

四、任务执行评价

序号	考核指标	所占分值	备注	得分
1	任务完成情况	30	在规定时间内完成并按时上交任务单	
2	成果质量	70	按标准完成，或富有创意，进行合理评价	
总分				

指导教师：

日期： 年 月 日

工单素材

扫码下载任务单

知识测试与能力训练

一、单项选择题

1. 在 WPS Office 2019 演示文稿的各种视图中，可以同时浏览多张幻灯片，便于选择、添加、删除、移动幻灯片等操作的是（　　　）。

　　A. 备注页视图　　　　　　　　　　　B. 幻灯片浏览视图

　　C. 普通视图　　　　　　　　　　　　D. 幻灯片放映视图

2. 在 WPS Office 2019 演示文稿中，，要方便地隐藏某张幻灯片，应（　　　）。

　　A. 选择"开始"选项卡中的"隐藏幻灯片"命令

　　B. 选择"插入"选项卡中的"隐藏幻灯片"命令

　　C. 单击该幻灯片，选择"隐藏幻灯片"命令

　　D. 右击该幻灯片，选择"隐藏幻灯片"命令

3. 在 WPS Office 2019 演示文稿中，"文件"选项卡中的"新建"命令的功能是（　　　）。

　　A. 建立一个新演示文稿　　　　　　　B. 插入一张新幻灯片

　　C. 建立一个新超链接　　　　　　　　D. 建立一个新备注

4. 在幻灯片浏览视图中，若要选择多个不连续的幻灯片，在单击选定幻灯片前应该按住（　　　）。

　　A. Shift 键　　　　B. Alt 键　　　　C. Ctrl 键　　　　D. Enter 键

5. 在 WPS Office 2019 中，能够将文本中字符由简体转换成繁体的设置（　　　）。

　　A. 在"审阅"选项卡中　　　　　　　B. 在"开始"选项卡中

　　C. 在"格式"选项卡中　　　　　　　D. 在"插入"选项卡中

6. 在 WPS Office 2019 中，对于幻灯片中文本框内的文字，设置项目符号时可以采用（　　　）。

　　A. "格式"选项卡中的"编辑"按钮

　　B. "开始"选项卡中的"项目符号"按钮

　　C. "格式"选项卡中的"项目符号"按钮

　　D. "插入"选项卡中的"符号"按钮

7. 在 WPS Office 2019 中，插入一张新幻灯片的组合键是（　　　）。

　　A. "Ctrl + N"　　　B. "Ctrl + M"　　　C. "Alt + N"　　　D. "Alt + M"

8. 在 WPS Office 2019 中，格式刷位于（　　　），选项卡中。

　　A. "开始"　　　　B. "设计"　　　　C. "切换"　　　　D. "审阅"

二、简答题

1. 什么是幻灯片母版？如何操作？

2. 如何新建一个演示文稿？

项目11
WPS演示文稿的编辑与美化

项目概述

对于 WPS 演示文稿，在一张幻灯片中插入一些图片会比纯文字更具说服力、更形象生动，更加直观地表现内容并且更美观，但如果使用图片不当，如图片变形、图片模糊不清、图文不符，就会出现相反的效果。本项目对插入与编辑图形进行详细讲解。在演示文稿中把数据生成直观的图形，使枯燥的数据变得一目了然，还可以插入声音、视频等，这样可以让演示文稿具有多媒体效果，更加吸引观众。

知识目标

➢ 插入与编辑图形对象；
➢ 插入图表、表格；
➢ 处理音频、视频；
➢ 设置超链接。

技能目标

➢ 会插入图形对象；
➢ 能对幻灯片对象设置不同的动画效果和切换效果；
➢ 能根据要求建立相关幻灯片之间的超级链接；
➢ 能在幻灯片中插入声音和视频。

素质目标

➢ 培养学生不断学习新知识、接受新事物的创新能力；
➢ 培养学生举一反三的能力；
➢ 弘扬社会主义核心价值观；
➢ 培养学生具有坚强的意志、坚定的理想。

任务 11.1　美化《我的家乡》演示文稿

第一部分　知识学习

任务描述

本任务的学习内容与实际运用联系紧密。图形、表格、图表等对象在幻灯片的占位符中应该怎么插入？本任务主要介绍这方面的知识与技巧，讲解如何插入与编辑图表，掌握插入图片的方法和掌握"绘图工具"的使用方法与编辑、美化幻灯片的知识。通过学习，进一步提升学生的学习兴趣，提高学生的审美能力，培养学生发现美、创造美的能力，培养学生学习计算机知识的兴趣以及对信息的加工处理能力和创新设计能力。

任务目标

（1）插入与编辑图片；
（2）插入与编辑形状；
（3）插入与编辑艺术字；
（4）插入与编辑图表。

【样张 11.1】

活动 1　插入与编辑图片

在制作幻灯片时，需要添加一些图片，以传达一些文字无法表达的信息，同时也达到美化版面的作用。人们常说"一图胜千言"，从【样张 11.1】可以看到，项目 10 中的幻灯片是用文字表达徽派建筑的，但无法让人体会到徽派的房子究竟是怎样的，观众没有视觉感受。插入图片的幻灯片一目了然，观众立刻就能感受到徽派房子的结构和真实状况。

1. 插入图片

插入图片的方式，包括插入本地图片、分页插图和手机传图。

1）插入本地图片

插入本地图片主要是指插入计算机中保存的图片。下面介绍在幻灯片中插入本地图片的方法。

Step 1：　创建好幻灯片后，单击要插入图片的占位符，选择"插入"选项卡。

Step 2：　单击功能区左侧的"图片"下拉按钮，选择"本地图片"选项，如图 11 – 1 所示。

图 11-1　插入本地图片

Step 3：　弹出"插入图片"对话框，选择图片所在的位置，选中图片，单击"打开"按钮，如图 11-2 所示。此时图片已经插入占位符或文本框中。

图 11-2　插入图片

2）分页插图

在演示文稿中插入图片可以辅助演讲。在 WPS 演示中如何批量添加图片呢？利用"分页插图"选项可以在演示文稿中一次性批量插入多张图片，每张图片自动分页添加。若幻灯片页数不足，会自动新建幻灯片并插入图片。

Step 1：　选择"插入"→"图片"→"分页插入"选项，弹出"分页插入图片"对话框。

Step 2：　在"分页插入图片"对话框中，按住 Ctrl 键再选择要分页插图的图片。

Step 3：　单击"打开"按钮，就可以批量在演示文稿中插入图片。

2. 编辑图片

插入图片后，需要对图片进行美化设置，包括精确调整尺寸和设置图片样式。

1）更改图片大小

Step 1：使用鼠标调整图片大小。　单击幻灯片中的图片，在图片上会出现 8 个控制点，将光标移到控制点上，待光标变成"十"字形状时，拖动鼠标即可调整图片的大小。

Step 2：利用"图片工具"更改图片的大小。　在"大小"选项组中，设置图片的高度、宽度和缩放比例。

Step 3：单击"对象属性"下拉按钮设置图片的大小。　在"大小"区域，可以设置图片的高度、宽度、旋转的角度、缩放比例，若想等比缩放需要勾选"锁定纵横比""相对于图片原始尺寸"复选框。"幻灯片最佳比例"、分辨率可以根据需要进行设置。若需要重新设置，单击"重设"按钮，如图 11 - 3 所示。

图 11 - 3 对图片大小进行设置

2）对图片进行裁剪

如何将插入的图片裁剪为需要的形状呢？

Step 1：单击"图片工具"选项卡→"裁剪"下拉按钮，如图 11 - 4 所示。

图 11 - 4 利用"图片工具"裁剪图片

Step 2：单击"裁剪"按钮，可以选择"按形状裁剪"与"按比例裁剪"命令，如图 11 - 5 所示。

图 11 - 5 裁剪的两种选择

（1）按形状裁剪。

若想将图片按照形状裁剪成一个椭圆形，则选择图片后选择"按形状裁剪"→"基本形状"→"椭圆"选项，图片周围会出现 8 个裁剪点，将光标移至任意裁剪点上，光标变为一个有方向的指示形状，提醒裁剪的方向。

按住鼠标左键不放并拖动，拖动至合适位置后，释放鼠标左键，即可将图片灰色区域裁掉，单击就可以快速对图片进行裁剪，如图 11 - 6 所示，如果对裁剪的图片不满意，可以单击重设形状和大小，可恢复原来的图形。

（2）按比例裁剪。

选择"按比例裁剪"命令，如选择比例为 3∶4，选择图片后即可在图片中绘制比例为 3∶4 的裁剪区域，这样就可以将图片按比例裁剪了，如图 11 - 7 所示。

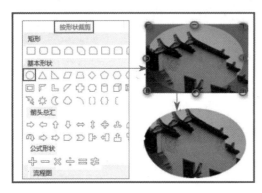

图 11 - 6　按形状裁剪后的效果

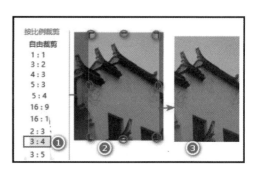

图 11 - 7　按比例 3∶4 裁剪出的图片

3. 图片位置的设置

在"图片属性"→"位置"区域，可以设置图片的水平、垂直位置，以及设置过程中所参考的位置。设置图片的水平位置时一定要注意：它是相对于"左上角"还是相对于"居中"的位置。同样，对图片的垂直位置的设置也要考虑它是相对于哪一个位置，如图 11 - 8 所示。

4. 图片的组合与对齐方式

1）图片的组合

在演示文稿中，为了对一个对象作更多的说明或对比等，往往会插入多张图片，如果需要让多张图片在幻灯片中成为一个整体，就需要对这些图片进行组合。

Step 1：　在幻灯片中插入多张图片。

Step 2：　按住 Shift 键依次选中多张图片。

Step 3：　单击"图片工具"→"组合"按钮，或右击，选择"组合"选项，就把多张图片组合在一起了，结果如图 11 - 9 所示。

2）设置图片的对齐方式

在幻灯片中插入各种不同的图片能辅助内容展示。图片如何排版才能更好看呢？常规的做法是，插入所需要的图片，自行调整图片

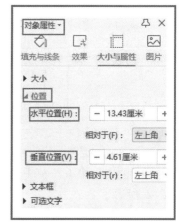

图 11 - 8　图片位置的设置

大小，拖动图片放到合适的位置，靠目测逐张对齐图片。数量少的话勉强还可以，若需要大量图片，则要花费很长时间，有什么办法可以快速地对齐图片，使图片看起来又整齐又美观呢？图片的"对齐"菜单工具可以解决这个问题。选中 2 张或 2 张以上图片进行对齐方式操作时，根据要求在"对齐"下拉菜单中进行选择，如图 11 - 10 所示。

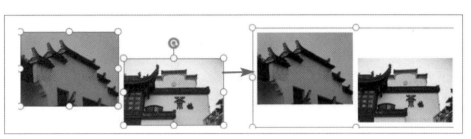

图 11 – 9　多张图片组合效果

图 11 – 10　多图对齐排列工具

Step 1：　在幻灯片中选择多张图片。由于图片大小不一致，图片排列没有规则。

Step 2：　选择"图片工具"→"对齐"→"靠上对齐"命令。这时所有图片会自动调整成"靠上对齐"排列，如图 11 – 11 所示。

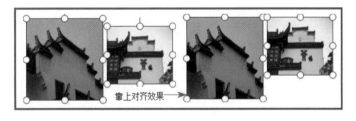

图 11 – 11　2 张图片"靠上对齐"效果

Step 3：　如果要求图片的高度一致，还可以选择"等高"命令，如图 11 – 12 所示。

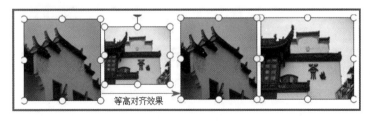

图 11 – 12　2 张图片"等高"效果

技巧：

如果要对多张图片进行更精确的对齐，可以打开视图下的网格和参考线，按住 Ctrl 键和鼠标左键——复制参考线，也可将参考线拖拽到编辑区外，即删除参考线。

纵向和横向只有一根参考线时，无法删除，只能选择不显示。

5. 图片的旋转

在“旋转”下拉菜单中有 4 个选项，可以实现 90°左、右旋转，水平翻转，垂直翻转，如图 11－13 所示。

Step 1： 单击图片。

Step 2： 选择“图片工具”选项卡。

Step 3： 单击右侧的“旋转”下拉按钮。

Step 4： 根据图片的布局选择旋转方式。

图 11－13 “旋转”下拉菜单

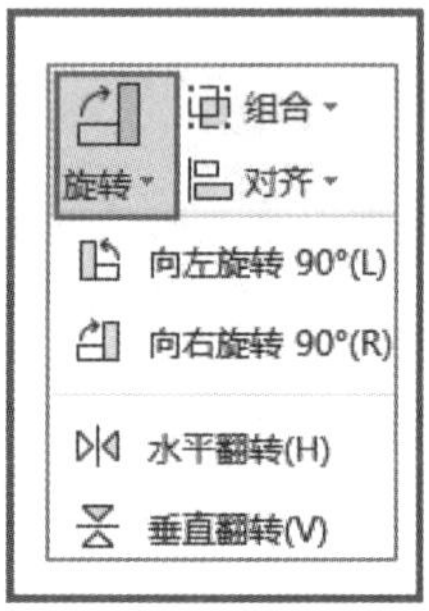

6. 图片的拼接

在一张幻灯片中要添加多张图片并组合时，WPS 演示文稿还提供了一个更加快捷的小技巧，即使用“图片拼图”功能对图片进行智能拼图。

Step 1： 单击要插入多张图片的幻灯片。

Step 2： 按 Ctrl 键分别选中 4 张要插入的图片。此时出现了“图片工具”选项卡，单击“图片拼接”下拉按钮，选择多种拼图模式，选择“4 张”选项，在下方的模型工具栏中选择样式，则通过“智能拼接”功能快速组成一个拼图，效果如图 11－14 所示。

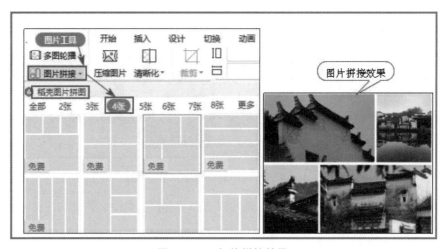

图 11－14 智能拼接效果

活动 2 插入与编辑形状

图形是对幻灯片进行美化和修饰的一种重要元素。WPS 演示文稿提供了很多形状图形，可以根据需求绘制各种各样的形状，也可以创造性地绘制很多形状，然后组合为一个更复杂的形状。下面以圆角矩形为例，设置形状的颜色与透明度、线条的粗细与透明度等。

演示文稿中的形状包括线条、矩形、基本形状、箭头总汇、流程图、动作按钮等，本活动介绍绘制与编辑形状的相关知识。

1. 插入形状

先了解插入形状工具。单击"插入"→"形状"下拉按钮，可以看到形状库列表框，如图 11 - 15 所示。

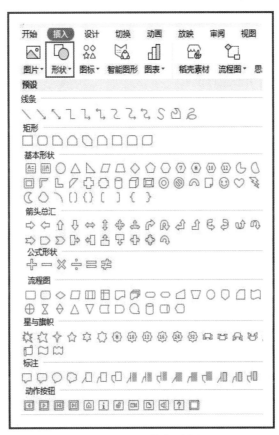

图 11 - 15　形状库列表框

下面以《可爱的家乡》演示文稿的第 3 张幻灯片为例讲解绘制图形的方法。在这张幻灯片中插入几种图形，给人的第一感觉就是幻灯片很有层次感。

Step 1：将鼠标指针定位到需要插入形状图形的位置，单击"插入"选项卡。

Step 2：单击"形状"下拉按钮，弹出形状库列表框，选择"矩形"→"圆角矩形"选项。

Step 3：此时鼠标指针变成"十"字形状，按住鼠标左键，拖动鼠标即可绘制一个对应的形状。

Step 4：绘制出所需要的大小后松开鼠标左键即可。

如果对绘制的图形尺寸要求精确，在"绘图工具"选项卡的"形状高度""形状宽度"数值框中输入数字即可。

重复以上操作 3 次，得到 4 个圆角矩形，如图 11 - 16 所示。

图 11－16　绘制图形前、后对比

2. 设置形状轮廓填充颜色

接下来分别对 4 个圆角矩形进行设置。

1）形状轮廓填充

填充形状轮廓的线条样式、粗细和颜色。

选中形状，对形状轮廓填充颜色，要求把绘制的形状轮廓设置成无边框颜色。

操作：选择"绘图工具"→"轮廓"→"无边框色"选项，此时形状轮廓的填充颜色已经变成无色，如图 11－17 所示。

2）编辑顶点

在实际工作中，需要绘制些任意形状的图形，对形状作调整，改变图形。

操作：选择工具栏中的"绘图工具"→"编辑形状"命令。

Step 1：　在弹出的下拉菜单中选择"编辑顶点"命令。此时，在圆角矩形的边上出现了 8 个正方形小黑点。

Step 2：　把鼠标移到小黑点上并按住鼠标左键拖动小黑点，使形状变成想要的图形，拖动小黑点后，还会从顶点处延伸出一条调节杆，调节它可进一步调整形状。

Step 3：　最终把图形调整为所需要的形状，如图 11－18 所示。

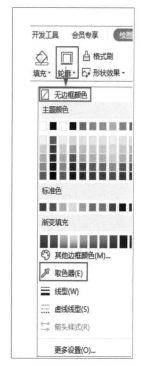

图 11－17　轮廓填充工具

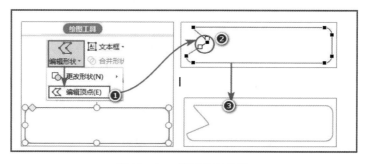

图 11－18　编辑顶点效果

技巧：

　　在绘制形状时，如果要从中心开始绘制，则在按住 Ctrl 键的同时拖动鼠标；如果要绘制规范的正方形、圆形和六边形等，则在按住 Shift 键的同时拖动鼠标进行绘制。

3. 设置形状填充颜色

在演示文稿中插入形状，可以起到画龙点睛的作用，插入形状后，该如何设置其效果呢？图 11 – 19 所示是绘制的圆角矩形填充效果。

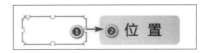

图 11 – 19　圆角矩形填充效果

形状填充颜色是指形状内部的填充颜色或效果，可以设置纯色、渐变色、图片、纹理等填充效果。下面介绍设置形状填充渐变色的方法。

Step 1： 选择任意一个圆角矩形，单击"绘图工具"→"填充"下拉按钮，在弹出的菜单中有纯色、图片、渐变和纹理等效果。这里选择用渐变色填充，如图 11 – 20 所示。

Step 2： 选择"渐变"选项后，会出现一个"对象属性"对话框，以供对渐变色进行相应的设置，如图 11 – 21 所示。

Step 3： 单击"色标颜色"按钮，分别对渐变色按图 11 – 21 中的②、③进行不同的选择。

Step 4： 选择"渐变样式"选项，展开多种渐变样式，选择其中一种样式，如"线性渐变"，会发现形状的颜色发生了渐变改变，最终得到图 11 – 19 所示的效果。不断重复②、③操作，对其余 3 个圆角矩形进行渐变色填充。

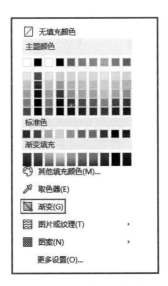

图 11 – 20　填充渐变色

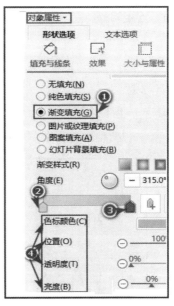

图 11 – 21　"对象属性"对话框

4. 合并形状

利用演示文稿的"合并形状"功能，可以将所选的形状合并成一个或多个新的几何形状。运用此功能，可以对形状进行结合、组合、拆分、相交、剪除，制作新的形状图形。

1）合并形状 – 组合

组合，是指去除多个形状重叠部分，然后组成一个整体。

如在幻灯片中插入两个形状，两个形状中有重叠部分，使用"合并形状"→"组合"命令，可以去除重叠部分，然后将两个形状组成一个整体。

操作过程：

Step 1：　在幻灯片中插入一张"家乡"图片。

Step 2：　插入一个文本框，在文本框中输入文字"家乡"；设置字体为华文隶书，设置字号为48，颜色随意。

Step 3：　把文本框移到图片中的合适位置。

Step 4：　选择图片后再选择文本框，选择"合并形状"→"组合"命令，就可以看到相交的结果，如图 11 - 22 所示。

图 11 - 22　合并形状 - 组合效果

2）合并形状 - 相交

相交，是指只保留多个形状的重叠部分。

Step 1：　在幻灯片中插入一张"家乡"图片。

Step 2：　插入一个文本框，在文本框中输入文字"家乡"，在快速工具栏中设置叠放次序中为"置于顶层"。

Step 3：　把插入文字的文本框移动到图片上，两个形状中有重叠部分。选择"合并形状"→"相交"命令，就可以只保留重叠部分，去除多余部分，结果如图 11 - 23 所示。

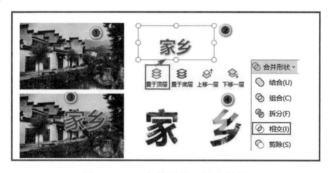

图 11 - 23　合并形状 - 相交效果

总之，利用 WPS 演示的合并形状功能，可以将所选的形状合并成一个或多个新的几何形状，其他如"结合""拆分""剪除"功能请读者自行操作，这里不作详细说明。

活动3　插入批量图片、logo 及更改幻灯片背景

1. 插入批量图片、Logo

在上一个项目中介绍了如何设置幻灯片母版，而使用幻灯片母板能够一键添加图片或 logo。

Step 1：　在"设计"选项卡中选择"编辑母版"命令，进入母版视图，选择主母版。

Step 2：　单击"插入"选项卡→"图片"按钮，在弹出的对话框中选择图片路径，找到图片所在的位置，单击"打开"按钮，插入图片。

Step 3：　将图片插入幻灯片母版的合适位置后，关闭母版视图，此时演示文稿的每一页都添加了 logo。如果要为幻灯片批量添加 logo，方法同上。

图 11 – 24 所示为使用幻灯片母版一键添加图片示意。

图 11 – 24　使用幻灯片母版一键添加图片示意

2. 更改幻灯片背景

在幻灯片的放映中，背景的设计很重要，如果一张幻灯片中充满文字会显得很单调，主题的应用会给背景增加很多色彩，而背景图片会让幻灯片内容更加丰富。更改幻灯片背景的操作步骤如下。

Step 1：　在打开的演示文稿中选定一张幻灯片。

Step 2：　单击上方菜单栏中的"设计"→"背景"下拉按钮，在下拉列表框中可以看到"渐变填充""背景"和"背景另存为图片"选项，如图 11 – 25 所示。

Step 3：　选择"背景"选项，在右侧的"对象属性"窗口中有"纯色填充""渐变填充""图片"或"纹理填充"和"图案"选项。

Step 4：　在"纹理填充"下拉列表的纹理图案中，选择"纸纹 1"图案，如图 11 – 26 所示。

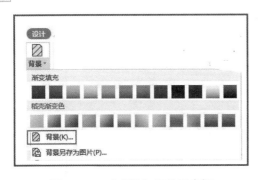

图 11 – 25　"背景"下拉列表框

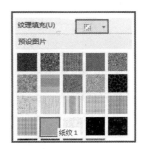

图 11 – 26　纹理图案

Step 5：　幻灯片背景更改完毕。

如果要使全部幻灯片应用同一张背景图片，则单击"对象属性"窗口中左下角的"全部应用"按钮。

活动4 插入与编辑艺术字

在日常办公中，经常会用演示文件进行汇报、会场布置、宣传等，合理使用艺术字，能给演示文稿增添强烈的视觉效果，插入艺术字之后，可以通过改变样式、大小、位置和字体格式等操作来设置艺术字，让演示文稿看起来更精美。本活动以《可爱的家乡》演示文件的第一张幻灯片为例介绍在幻灯片中插入与编辑艺术字的相关知识。

1. 插入艺术字

下面详细介绍在幻灯片中插入艺术字的操作方法。

Step 1： 打开《可爱的家乡》演示文稿，选中第一张幻灯片，在"插入"选项卡中单击"艺术字"下拉按钮，在弹出的艺术字库"预设样式"中选择一种样式，如图11-27所示。

Step 2： 单击艺术字文本框，在文本框中输入"可爱的家乡"，如图11-28所示。

Step 3： 按 Enter 键完成输入，选中艺术字文本框拖动，将艺术字移动到合适的位置。

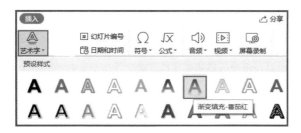

图11-27 选择艺术字样式

图11-28 输入文字

2. 编辑艺术字

在幻灯片中插入艺术之后，就可以编辑艺术字的字体、字号、填充颜色等内容。下面详细介绍在幻灯片中编辑艺术字的操作方法。

1）设置艺术字样式

在艺术字样式列表中，不但可以为艺术字设置不同的效果，还可以编辑艺术字的字体、字号、颜色等。

2）设置艺术字效果

通过"艺术字样式"选项组的"文本效果"列表，可以设置艺术字的阴影、倒影、发光、三维旋转及转换效果，如图11-29所示。

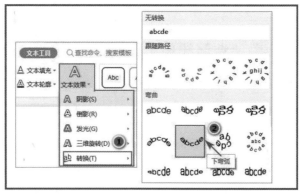

图11-29 设置艺术字效果

活动 5　插入与编辑表格

在日常办公中，经常会制作演示文件进行汇报，同时插入表格，以提供相关数据。一张简单的表格往往可以代替长篇的文字叙述，效果更加直观，表达方式简明扼要，从而使汇报更有说服力。

婺源把生态环境作为发展全城旅游的重要基础，增加当地农民的人均收入，通过相关数据可以看到近几年婺源旅游收入的变化。

1. 插入表格

1）使用快速表格插入

单击"插入"选项卡→"表格"按钮，如图 11 - 30 所示。在"表格"下拉菜单中，用鼠标拖动选择合适的行数和列数后单击，表格就创建好了（例如插入 7 列 5 行的表格），如图 11 - 30 所示。

2）使用"插入表格"命令

选择"插入"选项卡→"表格"→"插入表格"命令，在弹出的"插入表格"对话框中输入表格的行数和列数，单击"确定"按钮插入表格，如图 11 - 31 所示。

2. 在表格中输入文字，合并单元格

创建表格后需要在表格中输入文字、数字，具体操作步骤如下。

选中要输入文字的单元格，在单元格中输入相应的内容，选中需要合并的单元格，右击，选择"合并单元格"命令，合并选中的单元格，调整表格的行高与列宽，最终效果如图 11 - 32 所示。

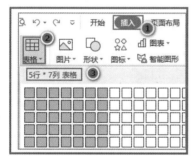

图 11 - 30　快速插入表格

图 11 - 31　"插入表格"对话框

近几年旅游情况对比						
指标名称	计算（单位）	2012 年	2011 年	2010 年	2009 年	2008 年
旅游综合收入	亿元	43	28.96	23.01	16.67	10.16
旅游人次	万人次	839	616.8	530	481.59	409.6
旅游门票收入	亿元	2.14	1.67	1.33	1.16	0.81
农民人均纯收入	元	6951	6098	5279	4681	4329

图 11 - 32　在表格中输入文字，合并单元格

3. 设置表格样式

插入表格后，可以通过设置表格样式来美化表格。

选择"表格样式"→"预设样式"→"深色系"→"深色样式 1 - 强调 5"样式，如图 11 - 33 所示。

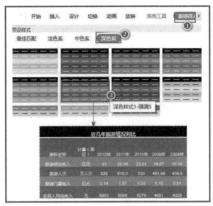

图 11-33　设置表格样式

活动 6 | 插入与编辑图表

表格和图表以其简洁明了的特点，不仅可以美化演示文稿，而且能够直观地展示数据之间的对比关系，易于理解。在演示文稿的制作过程中可以根据需要适当加入图表元素，以提高作品的吸引力。本活动介绍在演示文稿中插入与编辑图表的相关知识。

1. 插入图表

以图 11-32 所示表格中数据为例，要求汇总 2008—2012 年旅游综合收入对比情况，在幻灯片中用图表表示出来。

单击菜单栏中的"插入"→"图表"下拉按钮，选择一个图表类型插入。这里选择插入柱形图，如图 11-34 所示。

2. 编辑图表中的数据

选择"图表工具"→"编辑数据"命令，此时自动打开"WPS 演示中的图表"窗口，如图 11-35 所示。

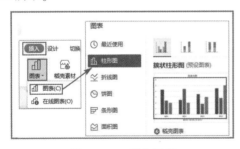

图 11-34　插入图表

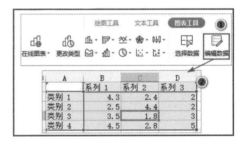

图 11-35　编辑图表中的数据

修改表格中的数据，保存，这样演示文稿中的图表会根据表格中的数据进行改变。插入图表后，可以通过"图表工具"→"样式""填充""轮廓"等选项对图表进行编辑。操作方法与 Excel 相同，在此不再赘述。

素材下载及重难点回看

素材下载

重难点回看

第二部分 任务工单

任务编号：WPS－11－1	实训任务：编辑、美化演示文稿	日期：
姓名：	班级：	学号：

一、任务描述

根据样张，在幻灯片中插入图片并进行编辑，保存为 "D:\wps\光盘行动,拒绝浪费.pptx"，完成后效果如【任务样张 11.1】所示。

二、【任务样张 11.1】

从古至今，中华民族都以勤俭节约为美德，但也有消费者在聚餐品尝美食的时候，仿佛菜品越高档、越丰盛，就显得越有面子、越有排场。

在这种不良风气的影响下，餐桌浪费严重，大量的食物从厨房出来，消费者没吃上两口，就直接进入了泔水桶。

每一个人都应养成节约的好习惯，无论以何种形式就餐，都应只取所需，避免"眼大肚小"。

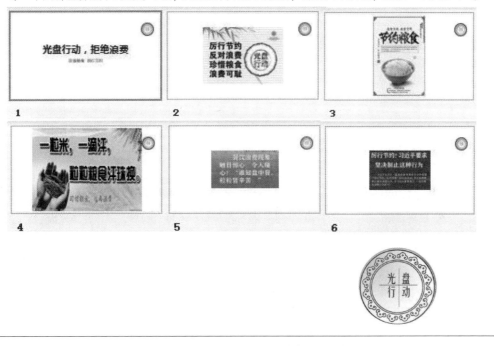

三、任务实施

1. 根据所给的素材，制作《光盘行动，拒绝浪费》演示文稿。

续表

任务编号：WPS－11－1	实训任务：编辑、美化演示文稿	日期：
姓名：	班级：	学号：

2. 分页插入图片。

3. 根据所学知识，为每张幻灯片上添加一个 logo 图片。

4. 在幻灯片上添加【任务样张 11.1】中的文字。

5. 保存演示文稿。

四、任务执行评价

序号	考核指标	所占分值	备注	得分
1	任务完成情况	30	在规定时间内完成并按时上交任务单	
2	成果质量	70	按标准完成，或富有创意，进行合理评价	
总分				

指导教师：

日期：　　年　　月　　日

工单素材

扫码下载任务单

任务 11.2　为《可爱的家乡》演示文稿应用多媒体

第一部分　知识学习

课前引导

通过任务 11.1 的学习，我们发现编辑完的演示文稿没有声音，添加音频可以提高演示文稿的视听效果。

如果演示文稿的幻灯片较多，内容又相关，逐张幻灯片进行查找很费时间，是否有一种快捷的方式，让两张关联的幻灯片或文件快速链接？

通过本任务的学习，读者将学会解决以上问题的方法，能够为幻灯片添加音频并在幻灯片之间准确快速地传递信息。

任务描述

添加音频，可以增强演示文稿的感染力，从而达到更好的宣传效果。本任务主要涉及插入音频、隐藏音频图标和控制音视频播放效果。

超链接是从一张幻灯片到同一个演示文稿中的另一张幻灯片的链接，也可以是从一张幻灯片到不同演示文稿中的另一张幻灯片、电子邮件地址、网址或文件的链接。

任务目标

（1）插入音频；
（2）编辑音频；
（3）添加超链接；
（4）编辑超链接。

【样张 11.3】

活动1　插入与编辑媒体

演示文稿添加音频，可以丰富演示文稿的视听效果，使演示文稿更具有感染力。本任务详细介绍在幻灯片中添加并编辑音频的相关知识。

1. 插入音频

打开《可爱的家乡》演示文稿，在第二张幻灯片中插入音频。

Step 1：　选择"插入"→"音频"→"嵌入音频"命令。

Step 2：　选择音频文件插入幻灯片，此时在幻灯片中出现一个播放器图标，如图 11 - 36 所示。

2. 编辑音频

1）设置音量

选中播放器图标，单击"音频工具"→"音量"下拉按钮，在弹出的选项中可以设置插入音频的音量，如设置音量为"中"。

2）裁剪音频

单击"裁剪音频"按钮即可剪辑音频。同设置音量操作类似，选中播放器图标，单击"音频工具"选项卡中的"裁剪音频"按钮，弹出"裁剪音频"对话框，将开始时间设置为 00：16.07，将结束时间设置为 01：17.11，单击"确定"按钮，如图 11 - 37 所示。

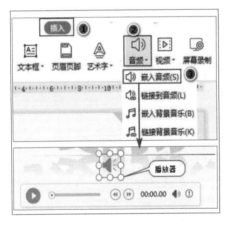

图 11 - 36　插入音频

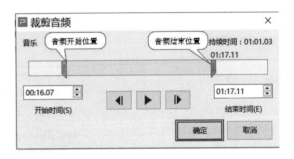

图 11 - 37　裁剪音频

3）设置音频的播放状态

当音频插入当前幻灯片时，发现音频只在此页放映时播放，切换下一页后自动停止。若要设置音频在特定的几张幻灯片放映时继续播放，选择"音频工具"→"跨幻灯片播放"选项，选择要播放的页面即可。设置好音频文件后，在播放幻灯片时，单击播放按钮即可播放音频，如图 11 -38 所示。

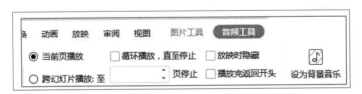

图 11 -38　设置音频的播放状态

4）将音频设为背景音乐

若要将音频设置为在放映整个幻灯片时都播放，单击"设为背景音乐"按钮，此时系统会自动勾选"循环播放"和"放映时隐藏"复选框。这时放映幻灯片，音乐即自动播放，切换幻灯片时，音乐会持续播放，直到按 Esc 键退出幻灯片放映模式，如图 11 - 39 所示。

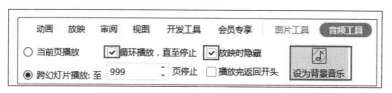

图 11 - 39　将音频设为背景音乐

> 注意：
> （1）"背景音乐"是指整个演示文稿的背景音乐，在切换幻灯片时背景音乐会持续播放。（2）"嵌入音频"命令是将音频文件保存在幻灯片内。"链接到音频"命令是指链接到在本地计算机中保存的音频文件，该命令产生一个地址，音频文件并没有加入幻灯片。

活动2　插入与编辑超链接

超链接是从一张幻灯片到同一演示文稿中的另一张幻灯片的链接，或从一张幻灯片到不同演示文稿中的另一张幻灯片、电子邮件地址、网页或文件的链接。

在演示文稿放映过程中，经常需要从某张幻灯片切换到另一张不连续的幻灯片，或者切换到其他的文档、网页，这种操作需要通过超链接来实现。超链接可以提高演示文稿的可控性。用来创建超链接的对象包括文本、文本框、图形和图片。

打开《可爱的家乡》演示文稿，在"介绍家乡"幻灯片中为标题和其他 4 个文本框添加超链接，分别指向相关内容的幻灯片，即第 5, 7, 8, 9 张幻灯片，如图 11 - 40 所示。

1. 创建超链接

选中需要创建超链接的文本内容对象，即文本框"介绍家乡"，单击"插入"选项卡 →"超链接"下拉按钮，或右击文本框对象，在弹出的快捷菜单中选择"超链接"选项，都可以打开"插入超链接"对话框，如图 11 - 41 所示。

图 11 - 40　"介绍家乡"幻灯片

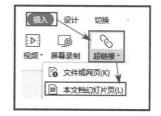

图 11 - 41　创建超链接

Step 1：　在弹出的"插入超链接"对话框中，选择"本文档中的位置"选项，如图11 - 42 所示。

Step 2：　选择要链接的幻灯片中的对象，即"介绍家乡"文本框。

2. 编辑、删除超链接

若要更改链接的目标对象，则在幻灯片中右击已创建超链接的对象，在弹出的快捷菜单中选择"超链接"→"编辑超链接"命令，打开"编辑超链接"对话框进行相应的编辑，如图11-43所示。

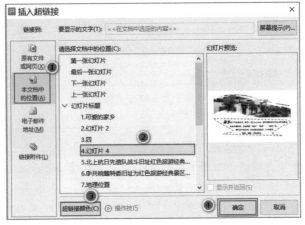

图 11-42 "插入超链接"对话框

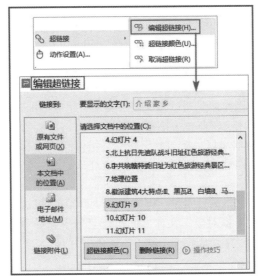

图 11-43 "编辑超链接"对话框

如果要删除超链接，则在幻灯片中右击已创建超链接对象，在弹出的快捷菜单中选择"取消超链接"命令，即可删除超链接。

素材下载及重难点回看

素材下载

重难点回看

第二部分　任务工单

任务编号：WPS－11－2	实训任务：编辑演示文稿	日期：
姓名：	班级：	学号：

一、任务描述

编辑通知文档的内容，并保存为"D：\wps\厉行节约、反对浪费 1. pptx"。

二、【任务素材 11.3】

　　中共中央总书记、国家主席、中央军委主席习近平近日对制止餐饮浪费行为作出重要指示。他指出，餐饮浪费现象触目惊心、令人痛心！"谁知盘中餐，粒粒皆辛苦。"尽管我国粮食生产连年丰收，但对粮食安全还是始终要有危机意识，全球新冠肺炎疫情所带来的影响更是给我们敲响了警钟。

　　习近平强调，要加强立法，强化监管，采取有效措施，建立长效机制，坚决制止餐饮浪费行为。要进一步加强宣传教育，切实培养节约习惯，在全社会营造浪费可耻、节约为荣的氛围。

　　习近平一直高度重视粮食安全和提倡"厉行节约、反对浪费"的社会风尚，多次强调要制止餐饮浪费行为。2013 年 1 月，习近平就作出重要指示，要求厉行节约、反对浪费。此后，习近平又多次作出重要指示，要求以刚性的制度约束、严格的制度执行、强有力的监督检查、严厉的惩戒机制，切实遏制公款消费中的各种违规、违纪、违法现象，并针对部分学校存在食物浪费和学生节俭意识缺乏的问题，对切实加强引导和管理，培养学生勤俭节约的良好美德等提出明确要求。

三、任务实施

1. 根据所给的文字制作演示文稿《厉行节约、反对浪费》，要求：合理利用版式，插入图片、艺术字、表格、文本。

2. 根据喜好和需要美化幻灯片中的每一个对象，版式不限。

3. 正文：仿宋、小四、首行缩进 2 字符，单倍行距，段后 0.5 行。

4. 分别在第 2，3，4 张幻灯片中插入图片，大小均设为：高 8 厘米、宽 10 厘米（取消锁定纵横比）。

5. 在第 1 张幻灯片中插入音频文件"＊.mp3"，设置为自动开始、跨幻灯片播放、循环播放直到停止、音量为"低"、播放时隐藏。

6. 保存演示文稿。

四、任务执行评价

序号	考核指标	所占分值	备注	得分
1	任务完成情况	30	在规定时间内完成并按时上交任务单	
2	成果质量	70	按标准完成，或富有创意，进行合理评价	
总分				

指导教师：

日期：　　年　　月　　日

工单素材

扫码下载任务单

知识测试与能力训练

一、单项选择题

1. Wps 演示文稿的超链接可实现（　　）。
A. 幻灯片之间的跳转　　　　　　　　B. 幻灯片的移动
C. 中断幻灯片的放映　　　　　　　　D. 在演示文稿中插入幻灯片

2. 在 WPS 演示文稿中，超链接所链接的目标不能是（　　）。
A. 另一个演示文稿　　　　　　　　　B. 同一演示文稿中的某一张幻灯片
C. 其他应用程序的文档　　　　　　　D. 幻灯片中的某个对象

3. 在 WPS 演示文稿中，需要在幻灯片中同时移动多个对象时，（　　）。
A. 只能以厘米为单位移动这些对象
B. 应修改演示文稿中各个幻灯片的布局
C. 可以将这些对象组合，把它们视为一个整体
D. 一次只能移动一个对象

4. 在编辑幻灯片时，将已插入的艺术字设为水平翻转效果，应该在（　　）进行操作。
A. "开始"选项卡中　　　　　　　　B. "绘图工具"→"格式"选项卡中
C. "插入"选项卡中　　　　　　　　D. "设计"选项卡中

5. 若要设置幻灯片中绘制图形的边框颜色，应该在（　　）进行操作。
A. "设计"选项卡中　　　　　　　　B. "开始"选项卡中
C. "绘图工具"→"格式"选项卡中　　D. "动画"选项卡中

6. 在编辑 WPS 演示文稿时，若要在幻灯片中插入文件夹中的音乐文件，应该在（　　）进行操作。
A. "开始"选项卡中　　　　　　　　B. "设计"选项卡中
C. "图表工具"→"设计"选项卡中　　D. "插入"选项卡中

7. 在幻灯片中插入表格时，利用"表格工具"可以设置（　　）。
A. 幻灯片放映　　　　　　　　　　B. 动画
C. 设计、切换　　　　　　　　　　D. 合并单元格

8. 演示文稿的母版类型为（　　）。
A. 幻灯片母版、讲义母版、备注母版　B. 动画、审阅
C. 设计、切换　　　　　　　　　　D. 幻灯片放映

二、简答题

1. 什么是"分页插图"？如何操作？

2. 如何批量插入图片、logo？

项目 12

WPS演示文稿的动画设计与放映

项目概述

WPS 演示文稿动画效果的设计主要包括为幻灯片中的对象设置动画效果、设置幻灯片切换动画效果、设置内容动画的音效、设置演示文稿放映方式、输出演示文稿等。通过对本项目的学习，将为以后学习综合动画效果的制作奠定良好的基础。

知识目标

➤ 设置幻灯片中对象的动画效果；
➤ 设置幻灯片切换动画效果；
➤ 设置内容动画的音效；
➤ 设置演示文稿放映方式；
➤ 输出演示文稿。

技能目标

➤ 能设置幻灯片中对象的动画效果；
➤ 掌握动画设计的关键要素：效果、开始、速度及效果选项；
➤ 能设置幻灯片切换动画效果；
➤ 能设置幻灯片放映方式；
➤ 能进行演示文稿的输出与打包。

素质目标

➤ 培养学生不断学习新知识、表达创新思维的能力；
➤ 培养学生正确的逻辑思维能力和团队合作能力；
➤ 培养学生发现问题、自主学习，制作精美动画的表现能力；
➤ 增强学生的自信心，坚定学生的理想信念；
➤ 培养学生具有坚强的意志、诚信素养、团结协作的能力；
➤ 培养学生热爱祖国、热爱家乡的情感。

任务 12.1　为《可爱的家乡》演示文稿设置动画

第一部分　知识学习

课前引导

　　在编辑美化演示文稿后，如果想让演示文稿更加生动活泼，可以对演示文稿进行一些动态处理。使用带动画的幻灯片对象可以使演示文稿更加生动活泼，使用动画效果可以使演示文稿更具有吸引力和说服力。

任务描述

　　WPS 演示提供了强大的动画功能，适当地为演示文稿中的文本、图片、形状、表格和图形等对象添加动画效果，可以让演示文稿更加生动活泼。本任务介绍演示文稿对象动画效果的设置，主要涉及对象进入动画的添加、切换方式、时间和选项等属性的设置，以及为多个对象添加同一动画和为一个对象添加多个动画。合理地为幻灯片添加切换效果和动画方案，可以使演示文稿更加炫酷。

任务目标

（1）掌握为幻灯片中的对象添加动画的方法；

（2）掌握设置动画效果选项的方法；

（3）掌握设置幻灯片切换效果的方法。

【样张 12.1】

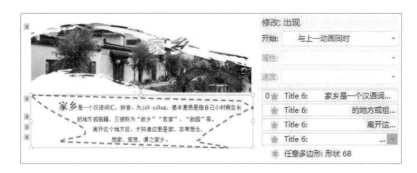

为对象设置进入动画

WPS 演示文稿的精华就在于幻灯片中对象的动画效果，精美的动画可以提升演示文稿的吸引力和感染力。动画分为幻灯片切换动画和幻灯片对象动画两个部分。WPS 演示提供了 4 种动画效果：进入动画、强调动画、退出动画和路径动画。在各种动画效果中尤其以对象的进入动画最为常用。

进入动画是指对象从无到有的出现动画。它的作用是显示对象的运动路径、样式、艺术效果等属性，表现对象自隐藏到显示的动态过程。

1. 设置进入动画

以《可爱的家乡》演示文稿的第 3 张幻灯片为例，如图 12 – 1 所示。

图 12 – 1　幻灯片"介绍家乡"

选择幻灯片中的"介绍家乡"文本，单击"动画"选项卡→"其他"按钮，在展开的"动画"选项列表中，选择"进入"→"飞入"效果动画，如图 12 – 2 所示。

Step 1：使用"动画属性"进行设置。　当设置完动画动作后，也可以使用"动画属性"命令对动画进行相应的设置。单击"动画属性"下拉按钮，在展开的菜单中选择"自左侧"选项，如图 12 – 3 所示。

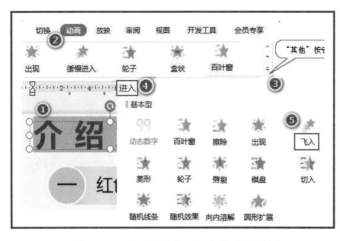

图 12 – 2　为对象添加"飞入"效果动画

图 12 – 3　动画属性设置窗口

Step 2：修改动画开始时间。　在"动画窗格"界面可以根据要求进行自定义修改。修改动画开始时间，此处设置成"单击时"，如图 12 - 4、图 12 - 5 所示。

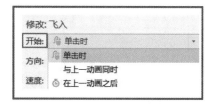

图 12 - 4　"动画窗格"界面　　　　　　图 12 - 5　"开始"下拉列表

注意：

（1）单击时：手动控制动画播放，当前动画在上一动画播放后，单击鼠标左键后开始播放动画。

（2）与上一动画同时：当前动画与前一个动画同时开始播放，一般用于多个对象动画同时播放。

（3）在上一动画之后：当前动画在前一个动画播放后自动播放，一般用于多个对象动画依次播放。

Step 3：设置动画的运动方向。　有些进入动画需要设置动画的运动方向，这时需要在"动画窗格"界面选中要设置的动画。在"方向"下拉列表中选择"自左侧"选项，如图 12 - 6 所示。

Step 4：设置动画的运动速度。　动画的运动速度用来控制动画的持续时间。在"速度"下拉列表中选择"快速（1 秒）"选项，如图 12 - 7 所示。

图 12 - 6　"方向"下拉列表　　　　　　图 12 - 7　"速度"下拉列表

设置好后关闭窗口，单击"预览效果"按钮，预览为文本"可爱的家乡"所添加的"飞入"动画效果。此时看到在文本和"动画窗格"界面中都出现了数字"1"，这说明已成功地为对象添加了动画效果，如图 12-8 所示。

图 12-8 成功添加"飞入"动画效果

1）为同一个对象添加多个动画效果

选定对象"介绍家乡"文本，单击"动画窗格"→"添加效果"下拉按钮，在"进入"效果中，选择"百叶窗"动画，设置方向为"水平"，速度为"中速2秒"。此时可以看到所选对象已有两个动画效果，如图 12-9 所示。

图 12-9 为同一个对象添加多个动画效果

2）调整动画效果顺序

"动画窗格"界面中有多个动画效果，选出某个动画效果，向前或者向后拖动，可调整动画效果顺序，如图 12-10 所示。

图 12-10　调整动画效果顺序

3）为不同的对象添加同一个动画效果

Step 1：　选中已设置了一个动画效果的"介绍家乡"文本，单击"动画"选项卡，双击"动画刷"按钮。

Step 2：　这时鼠标变成刷子形状，单击需要添加动画效果的对象，可以将动画效果复制到该对象，为该对象添加和前面相同的动画效果。

Step 3：　使用动画刷后，单击"动画刷"按钮或按 Esc 键，便取消了动画刷，效果如图 12-11 所示。

Step 4：　设置完成后，单击预览按钮，可预览设置好的动画效果。

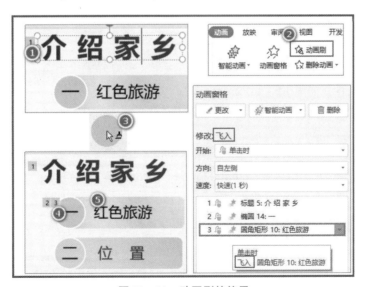

图 12-11　动画刷的使用

4）效果选项

根据需要有多个参数可以选择，单击"动画窗格"按钮，在弹出的"动画窗格"界面中，右击相应的效果，例如"动作 2"，会出现一个快捷菜单，在快捷菜单中选择"效果选项"命令，如图 12-12 所示，弹出该效果相应的动画对话框，例如"飞入"对话框。

在动画对话框中有 3 个选项卡，分别是"效果""计时"和"正文文本动画"。

（1）"效果"选项卡。

在"效果"选项卡中，可以设置动画对象的声音、运动方向、动画文本的播放顺序，如图 12-13 所示。

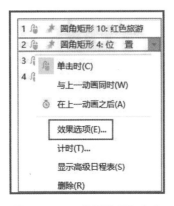

图 12-12 "效果选项"命令

图 12-13 "效果"选项卡

①添加声音。 在"效果"选项卡"增强"选项组的"声音"下拉列表中选择一种系统预置的声音，如"打字机"，单击"确定"按钮即可，如图 12-13 所示。

②动画文本。 在"动画文本"下拉列表中可以为文本内容设置"整批发送""按字母"两种不同的播放顺序。

（2）"计时"选项卡。

①延迟： 设置动画延迟效果。可以在"计时"选项卡的"延迟"数值框中进行调整。如文本的"飞入"动画延迟时间为 1 秒，如图 12-14 所示，单击"确定"按钮。在播放演示文稿时，该动画会在单击鼠标 1 秒后开始运行。

②重复： 使设置好的动画重复播放。选中要设置重复播放的动画，设置好重复次数后单击"确定"按钮即可。

图 12-14 "计时"选项卡

活动 2 为对象设置强调动画

强调动画作用于已显示对象，是为突出幻灯片中的某些内容而设置的特殊动画效果元素。强调动画是通过放大/缩小、闪烁、陀螺旋等方式突出显示对象和组合的一种动画，主要包括"放大/缩小""补色""跷跷板"等数十种动画形式。下面以为幻灯片添加不停旋转的动画效果为例来说明操作方法。

1. 设置强调动画

以第 3 张幻灯片为例。

Step 1：　选定文本"介绍家乡"。

Step 2：　单击"动画"→"动画窗格"下拉按钮，在打开的"添加效果"下拉列表中选择"强调"选项组中的"陀螺旋"动画效果，如图 12-15 所示。

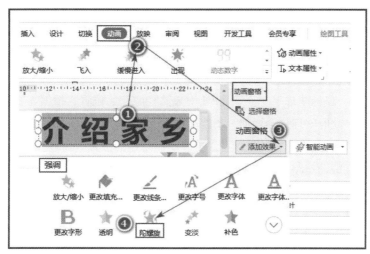

图 12-15　为对象添加"陀螺旋"动画效果

在"动画窗格"界面中，右击该动画效果，选择快捷菜单中的"效果选项"命令，打开"陀螺旋"对话框中的"效果"选项卡，进行相应设置。

2. 在"陀螺旋"对话框中进行设置

1）"效果"选项卡

在"效果"选项卡中有"设置"和"增强"两个区域。在"设置"区域的"数量"下拉列表中有："1/4 旋转""半旋转""完全旋转""旋转两周""自定义""顺时针""逆时针"等多个选项。可以根据需求进行不同的设计。这里选择"360°顺时针"选项，单击"确定"按钮；如图 12-16 所示。

2）"计时"选项卡

在"计时"选项卡中选择"开始"→"单击时"选项，在"速度"下拉列表中选择"中速（2 秒）"选项，在"重复"下拉列表中选择"2"选项，单击"确定"按钮，如图 12-17 所示。

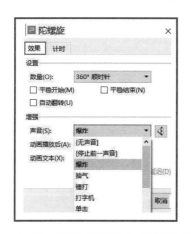 

图 12-16　"陀螺旋"对话框的"效果"选项卡　　图 12-17　"陀螺旋"对话框的"计时"选项卡

活动3　为对象设置路径动画

路径动画能让对象沿指定路径运动，动作路径是动画中最炫的一种，自定义路径可为对象指定移动的轨迹，控制对象的运动路径，利用它可以设置更加丰富多彩的动画效果。

1. 添加和设置动作路径

以第9张幻灯片为例。

Step 1：　选择需要添加动画效果的对象，单击"动画"选项卡中动画选项组的"其他"按钮，在展开动画效果列表中选择"动作路径"选项组的"曲线"效果。

Step 2：　此时，鼠标变成了"＋"，单击对象路径的起始位置，根据需要设计好动作路径，直到结束动作路径。此时幻灯片会增加一条的动作路径，如图12-18所示。

Step 3：　选中动作路径，拖动鼠标可以更改动作路径的位置。通过控制柄能够调整动路径的起始位置，若预设的动作路径不能满足需要，可在原有的动作路径上编辑控制点调整，以便控制动画的效果，如图12-18所示。

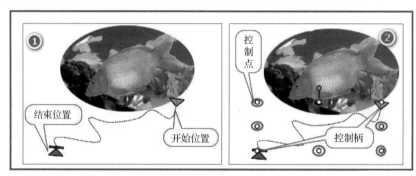

图12-18　设置动作路径

2. 在"自定义路径"对话框中进行设置

在"动画窗格"界面中右击该动画效果，在弹出的快捷菜单中选择"效果选项"命令，弹出"自定义路径"对话框。在对话框中进行相应设置，可以控制动画效果，如图12-19所示。

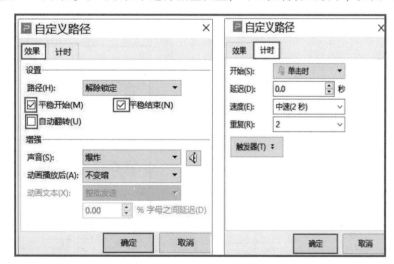

图12-19　自定义路径的"效果""计时"选项卡

活动4　为对象设置退出动画

退出动画的作用是显示对象自显示到消失的过程。进入动画和退出动画一般成对使用。

1. 添加退出动画

以第9张幻灯片为例。

Step 1：　选定需要添加退出动画的对象图片"荷包红鲤鱼"，单击"动画"选项卡中动画选项组的"其他"按钮，在展开的动画效果列表中选择"退出"选项组中的"缓慢移出"效果，如图12－20所示。

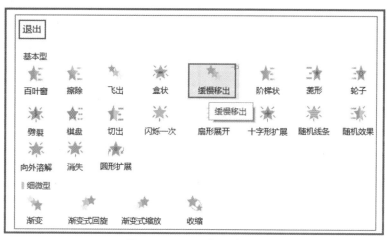

图12－20　"退出"选项组

Step 2：　根据所学知识，在幻灯片中插入"荷包红鲤鱼"图片，再复制一张"荷包红鲤鱼"图片，选择一张图片，选择"图片工具"→"旋转"→"水平翻转"选项，如图12－21所示。

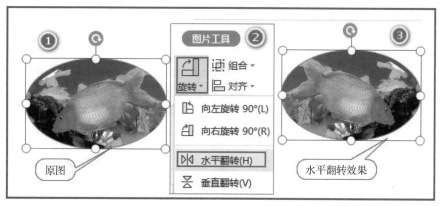

图12－21　图片水平翻转效果

2. 设置退出动画效果

制作完成后，可以在"效果"与"计时"选项卡中设置声音、速度、延迟等。在"动画窗格"界面中，在"开始"下列拉表中选择"单击时"选项，在"方向"下拉列表中选择"到右侧"选项，在"速度"下拉列表中选择"非常慢（5秒）"选项。分别右击动作1、2，在弹出的快捷菜单中选择"效果选项"命令，弹出"缓慢移出"对话框。如图12－22所示。

1）"效果"选项卡

在"缓慢移出"对话框的"效果"选项卡中，分别设置动作1的"方向"为"到左侧"，动作2的"方向"为"到右侧"，将声音设置成"风铃"，单击"确定"按钮即可，如图 12 – 23 所示。

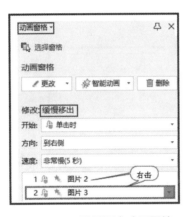

图 12 – 22　设置退出动画属性

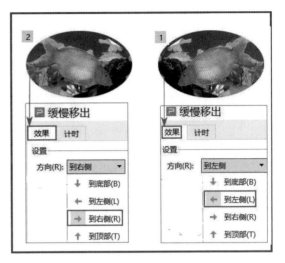

图 12 – 23　"效果"选项卡设置

2）"计时"选项卡

在"缓慢移出"对话框的"计时"选项卡中，根据需求进行相应设置。

活动 5　设置幻灯片切换效果

完美的幻灯片少不了切换效果和风格。本活动涉及添加幻灯片切换效果和更改持续时间两项操作，是设置幻灯片切换效果的基础操作。

幻灯片切换效果是在幻灯片放映视图中，从一张幻灯片切换到下一张幻灯片时出现的类似动画的效果，可以控制幻灯片切换的速度，还可以添加声音。WPS 演示提供了全新的幻灯片切换方式，具有更强的视觉冲击力。

1. 幻灯片切换效果类型

WPS 演示提供了如"平滑""淡出""切出""擦除""百叶窗""推出"等幻灯片切换效果，如图 12 – 24 所示。

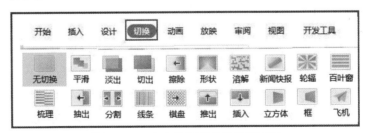

图 12 – 24　幻灯片切换效果类型列表

2. 添加幻灯片切换效果和方式

选中要添加切换效果的幻灯片，如《可爱的家乡》演示文稿的第 3 张幻灯片（可同时选择多张连续或不连续的幻灯片），单击"切换"选项卡右侧的"其他"按钮；在展开的列表中选择

"百叶窗"效果；选择在"效果选项"→"水平"切换方式，如图 12-25 所示。

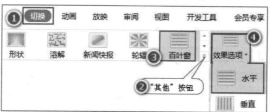

图 12-25　添加幻灯片切换效果和方式

3. 设置幻灯片切换选项

1）"切换"选项卡

在"切换"选项卡中选择一种切换方式后，可以为幻灯片添加适合场景的声音，在"声音"下拉按钮中选择一种音效，设置幻灯片的切换速度，根据需要设置自动换片时间，则在播放演示文稿时就不需手动单击切换，如图 12-26 所示。

图 12-26　"切换"选项卡

2）"切换"任务窗格

设置幻灯片切换效果后，也可以通过"切换"任务窗格修改切换效果，设置切换方向，添加幻灯片的切换音效，更换切换的速度和换片方式。如需要幻灯片自动切换，则勾选"自动换片"复选框，并输入切换时间，单击"播放"按钮可以预览切换效果，如图 12-27 所示。

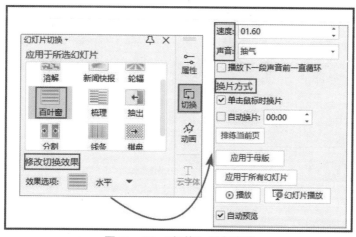

图 12-27　"切换"任务窗格

提示：

　　若取消勾选"单击鼠标时换片"复选框，则单击鼠标后不能切换幻灯片，除以自动换片方式自动播放外，还可以按 Enter 键或向下方向键进行切换。

4. 更改/删除幻灯片切换效果

若对设置的幻灯片切换效果不满意（如图 12-28 所示的"百叶窗"水平切换效果），还可以选中幻灯片重新进行设置。选中幻灯片，单击"切换"选项卡右侧的"其他"按钮，在展开的列表中选择"无切换"选项，即可删除幻灯片切换效果。

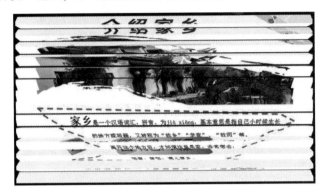

图 12-28 "百叶窗"水平切换效果

素材下载及重难点回看

素材下载

重难点回看

第二部分　任务工单

任务编号：WPS - 12 - 1	实训任务：动画设置	日期：
姓名：	班级：	学号：

一、任务描述

　　根据要求，在 2 张幻灯片中添加动画效果和切换效果，并保存为"D:\wps\动画 12.1.pptx"，完成后效果如【任务样张 12.1】所示。

二、【任务样张 12.1】

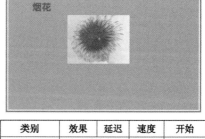

类别	效果	延迟	速度	开始
扇形标题	动画播放字体改变颜色		2 秒	同时
放大/缩小	5%	0.0	0.5	同时
飞入	底部	0.0	0.5	之后
放大/缩小	1500	0.5	2 秒	之后
放大/缩小	150	0.7	2 秒	之后
飞入	底部	0.0	0.5	之后
	—	1.7	2 秒	之后
向外溶解	—	—	重复 2 次	

任务样张图 12 - 1 - 1　动画　　　　　　任务样张图 12 - 1 - 2　动画

三、任务实施

1. 新建演示文稿，文件名为"动画 12.1"。

2. 在第 1 张幻灯片中插入艺术字"节日的烟花"，字体为微软雅黑，字号为 88 磅，文本填充红色，文本效果为正形。其他设置如任务样张图 12 - 1 - 1 所示。

任务编号：WPS - 12 - 1	实训任务：动画设置		日期：
姓名：	班级：		学号：

3. 再添加一张幻灯片，输入文字"烟花"，选定文字，选择"文本填充"→"图片或纹理"→"传统2"选项。

4. 插入图片"烟花"，为图片添加多个动画，每个动作声音都是"爆炸"。其他动画效果如任务样张图 12 - 1 - 2 所示。

5. 两张幻灯片的切换效果都为"新闻快报"，声音为"风声"。

6. 保存演示文稿。

四、任务执行评价

序号	考核指标	所占分值	备注	得分
1	任务完成情况	30	在规定时间内完成并按时上交任务单	
2	成果质量	70	按标准完成，或富有创意，进行合理评价	
总分				

指导教师：

日期：　　年　　月　　日

工单素材

扫码下载任务单

任务 12.2　放映《可爱的家乡》演示文稿

第一部分　知识学习

课前引导

前一个任务介绍了设置演示文稿动画和幻灯片切换效果的方法。制作演示文稿的目的是放映展示，因此完成对演示文稿的编辑后，要开始放映演示文稿，如何才能向观众展示所设置的效果呢？这就是本任务的内容：演示文稿的放映。

任务描述

本任务主要介绍放映演示文稿方面的知识与技巧，同时讲解输出演示文稿的方法。在演示文稿的放映过程中，需要提前设置它的放映方式，即进行放映类型、换片方式、放映的幻灯片、自定义放映等设置。

任务目标

（1）幻灯片放映设置；

（2）放映前演示文稿的预演；

（3）字体嵌入文件设置；

（4）演示文稿的输出与打包。

【样张 12.3】

活动1　排练计时和放映文件

在制作演示文稿时，若要控制演示文稿的放映时间，使整个演示文稿中的幻灯片可以自动播放，并且各个幻灯片播放的时间与实际需要的时间大致相同，则可以运用排练计时功能。

1. 应用排练计时功能录制放映放程

为了使幻灯片播放的时间更准确，更接近真实的演讲的时间，可以使用排练计时功能。在预演的过程中记录幻灯片切换的时间，具体操作如下。

1）单击"排练计时"下拉按钮

单击"排练计时"按钮，进入排练模式，可以看到有"排练全部"和"排练当前页"两项命令，如图 12 – 29 所示。

2）预演放映过程

Step 1：选择"排练全部"命令，演示文稿自动进入放映状态，在放映过程中可根据实际情况进行放映预演，此时在屏幕左上方出现了预演计时器，如图 12 – 30 所示。

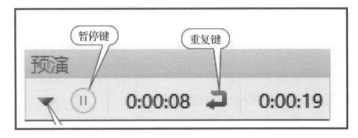

图 12 – 29　"排练计时"下拉按钮　　　　　图 12 – 30　预演计时器

Step 2：按 Esc 键（或右击幻灯片选择"结束放映"命令可以退出排练模式。

Step 3：在弹出的对话框中，可设置是否保留新的幻灯片排练时间，单击"是"按钮，自动进入浏览模式，可见每张幻灯片演示时长是多少。

2. 保存计时放映文件

为了使演示文稿在打开时自动播放，可将演示文稿保存为放映文件格式，且放映文件的内容不能再被编辑和修改。

Step 1：选择"文件"选项卡中的"另存为"命令。

Step 2：选择"另存为"→"放映文件 *.pps"选项（或在对话框中设置保存文件名称，并选择保存文件的类型为 pps）。

Step 3：单击"保存"按钮保存文件。

活动2　幻灯片放映设置

设置幻灯片放映方式主要包括设置放映类型、放映幻灯片的数量、换片方式和是否循环放映等。本活动介绍幻灯片放映的其他方式及放映相关的设置。若想预览演示文稿，可以提前将放映类型设置好。

1. 放映类型

WPS 演示提供了两类放映类型，分别是"演讲者放映"和"展台自动循环放映"。

（1）演讲者放映：由演讲者主要操控演示文稿。

（2）展台自动循环放映：展台系统自动循环放映，一般用于公共场所公益广告、宣传片等的放映。

以上两种放映类型的共同点是它们均全屏幕放映演示文稿。

2. 放映幻灯片

放映幻灯片有 3 个选项：全部、从第几张到哪一张连续的幻灯片结束和自定义放映。

若不希望将演示文稿的所有部分展现出来，而是需要选择不同的放映部分，可以根据需要自主定义放映部分，自定义放映要求在放映前先设置好要放映的幻灯片。

Step 1： 单击"放映"选项卡中的"自定义放映"按钮。

Step 2： 弹出"自定义放映"对话框。在"自定义放映"对话框中单击"新建"按钮，弹出"定义自定义放映"对话框。

Step 3： 选择"定义自定义放映"对话框中左窗格的"在演示文稿中的幻灯片"编号，单击"添加"按钮，该幻灯片就进入右窗格"在自定义放映中的幻灯片"框中，将自定义放映中需要的幻灯片都添加到该框中。

Step 4： 选择"在自定义放映中的幻灯片"框中的幻灯片，可以进行删除，也可以使用右侧的向上、向下箭头调整它们的顺序。

Step 5： 设置完成后单击"确定"按钮，然后退出"自定义放映"对话框，可以在这里进行"关闭"，也可以进行"放映"。当该幻灯片保存后，自定义放映的幻灯片就保存在"自定义播放"按钮中，在这里打开就可以放映了，如图 12 – 31 所示。

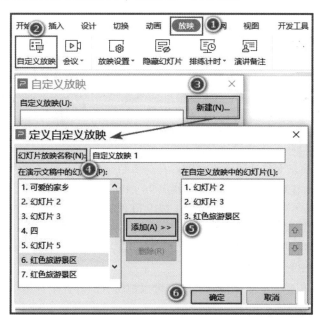

图 12 – 31　设置自定义放映

3. 放映设置

在"设置放映方式"对话框的"放映选项"区域，可以对是否需要循环放映进行设置。如设置循环放映，按 Esc 键可以终止。如果放映时不需要动画出现，可以勾选"放映不加动画"复选框。

以《可爱的家乡》演示文件为例，单击"放映"选项卡→"放映设置"下拉按钮，选择

"放映设置"命令，弹出"设置放映方式"对话框，可在"放映类型""放映选项""换片方式""多显示器"区域进行相应设置，如图 12－32 所示。

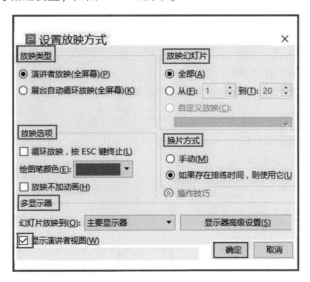

图 12－32 "设置放映方式"对话框

4. 换片方式

在"设置放映方式"对话框的"换片方式"区域，可以对放映时是否需要手动切片进行设置。

活动3 演示文稿的输出与打包

为了在不同的环境中放映演示文稿，最好将其打包，以避免因没有 WPS Office 2019 软件而无法放映的情况发生。本任务介绍把演示文稿打包到文件夹的操作，打包时演示文稿的链接、嵌入的视频、音频等文件一同被复制到一个文件夹内，这样就可以将其复制到 U 盘中，然后就保证在别的计算机上也可以正常播放演示文稿。

1. 演示文稿的输出

制作完成的 WPS 演示文稿有时并不在同一台计算机上放映，如将制作好的演示文稿复制到另外一台计算机中，而碰巧该计算机没有安装 WPS Office 2019 软件，那么就无法正常播放演示文稿。如何解决这个问题呢？其实 WPS Office 2019 软件提供了多种输出演示文稿的命令，比如"另存为""输出为 PDF""输出为视频"等，下面以将演示文稿输出 PDF 文档为例进行讲解。

PDF 文档容易阅读，在阅读过程中不会出现破坏文件的现象。WPS Office 2019 可以把演示文稿输出为 PDF 文档，这样便于阅读和交流。

Step 1： 打开《可爱的家乡》演示文稿，可以把所有幻灯片全部转换，也可以选择一部分幻灯片进行转换。

Step 2： 选择"文件"→"输出为 PDF"命令，如图 12－33 所示。

Step 3： 弹出"输出为 PDF"对话框，如图 12－34 所示，可以选择将幻灯片全部或部分转换成 PDF，单击"输出范围"下的页数下拉按钮，可以看到有多个选项，选择"页数区间"选项。

图 12 – 33　"输出为 PDF"命令

图 12 – 34　设置 PDF 输出范围

Step 4：　选择 PDF 文档的保存路径，单击"开始输出"按钮，在目标文件夹中就可以看到一个 PDF 文件图标。

2. 打包演示文稿

为了在不同的环境中放映演示文稿，最好将其打包，避免因没有 WPS Office 2019 软件的支持而不能放映演示文稿的情况发生。下面讲解把演示文稿打包到文件夹中的操作过程。

以《可爱的家乡》演示文稿为例。

Step 1：　选择"文件"→"文件打包"命令。

Step 2：　选择"将演示文稿打包成文件夹"命令。

Step 3：　弹出"演示文件打包"对话框，在"文件夹名称"文本框中输入名称，在"位置"文本框中输入保存位置，单击"确定"按钮，如图 12 – 35 所示。

图 12 – 35　"演示文件打包"对话框

Step 4：　完成打包操作后，会弹出"已完全打包"对话框，单击"打开文件夹"按钮，可以在保存位置中查看打包结果。

操作快捷键：
(1) 按 F5 键可以从头开始放映；
(2) 按"Shift + F5"组合键可以从当前幻灯片开始放映；

（3）播放时单击或滚动鼠标可以跳转上、下页；

（4）按一下 B 键显示黑屏，按一下 W 键显示白屏，再按一下 B 或 W 键取消；

（5）按"Alt + F5"组合键显示演讲者视图。

素材下载及重难点回看

素材下载　　　　　　　重难点回看

第二部分 任务工单

任务编号：WPS – 12 – 2	实训任务：动画的设置	日期：
姓名：	班级：	学号：

一、任务描述

根据要求，在两张幻灯片中添加动画和切换效果，并保存为"D：\wps\动画 12.2.pptx"，完成后效果如【任务样张 12.2】所示。

二、【任务样张 12.2】

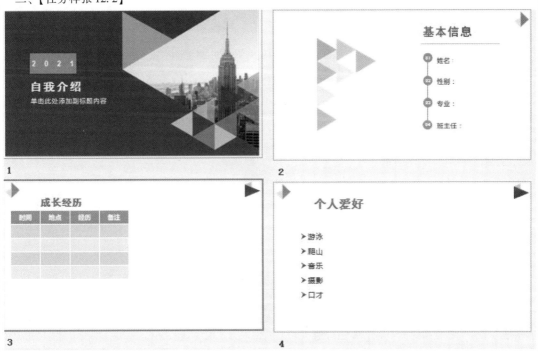

三、任务实施

1. 第一张幻灯片的标题为"自我介绍"，在副标题处输入可以自动更新的当前日期。

2. 新建一张幻灯片，输入标题"个人爱好"，在正文中输入个人爱好内容，将个人爱好内容的字号设为 28 号。

3. 再新建一个版式为"仅标题版式"的幻灯片，输入标题"基本信息"；在标题下方左侧文本框中参考【任务样张 12.2】输入个人信息，个人信息的文本字号为 28 号；在标题下方的右侧插入一个文本框，在文本框中插入个人照片。

续表

任务编号：WPS-12-2	实训任务：动画的设置		日期：
姓名：	班级：		学号：

4. 最后添加一个"标题和内容"版式的幻灯片，输入标题"个人经历"；在内容占位符中插入表格来显示个人经历的信息，表格中每行的高度均为 2.5 厘米，水平和垂直方向均居中显示，将表格中文本的格式设置为中文微软雅黑、英文 Arial、字号 28 号。

5. 将"个人爱好"幻灯片移到最后，可以对字体、行间距任意设置，并添加项目符号。

6. 制作完幻灯片后，自定义演示文稿的主题风格，将所有幻灯片的显示比例设置为 4∶3。

7. 将第一张幻灯片的切换方式设为"推出"，其他幻灯片应用"擦除"的切换方式且自动换片时间为 5 秒。

8. 将所有幻灯片中的文本字体统一设为微软雅黑。为幻灯片内容设置动画，效果自定。

9. 对演示文稿进行排练计时。

10. 打包演示文稿到桌面，设置文件名为"名字 + 自我介绍"。

四、任务执行评价

序号	考核指标	所占分值	备注	得分
1	任务完成情况	30	在规定时间内完成并按时上交任务单	
2	成果质量	70	按标准完成，或富有创意，进行合理评价	
总分				

指导教师：

日期：　　年　　月　　日

工单素材

扫码下载任务单

知识测试与能力训练

一、单项选择题

1. 为 WPS 演示文稿中已选定的文字设置"陀螺旋"动画的操作方法是（　　）。

A. 选择"幻灯片放映"选项卡中的"动画方案"选项

B. 选择"幻灯片放映"选项卡中的"自定义动画"选项

C. 选择"动画"选项卡中的动画效果

D. 选择"格式"选项卡中的"样式和格式"选项

2. 如果将演示文稿置于另一台未装 WPS Office 2019 软件的计算机上放映，那么应该对演示文稿进行（　　）操作。

A. 复制　　　　　　　　　　　　　　　B. 打包

C. 移动　　　　　　　　　　　　　　　D. 打印

3. 如果要播放演示文稿，可以使用（　　）。

A. 幻灯片视图　　　　　　　　　　　　B. 大纲视图

C. 幻灯片浏览视图　　　　　　　　　　D. 幻灯片放映视图

4. WPS 演示文稿中的动画效果共分为 4 类，其中不包括（　　）。

A. 进入动画　　　　　　　　　　　　　B. 退出动画

C. 强调动画　　　　　　　　　　　　　D. 切换动画

5. 设置幻灯片放映时间的命令是（　　）。

A. "幻灯片放映"选项卡中的"自定义放映"命令

B. "幻灯片放映"选项卡中的"从头开始"命令

C. "幻灯片放映"选项卡中的"排练计时"命令

D. "插入"选项卡中的"日期和时间"命令

6. 若要从头开始播放幻灯片，可使用的快捷键是（　　）。

A. F5　　　　　　　B. Shift + F5　　　　　C. F4　　　　　　　D. Ctrl + F5

7. 在 WPS 演示中，若要使第一张幻灯片在放映 5 秒后自动跳转到第二张幻灯片，可以在（　　）选项卡中对换片方式进行设置。

A. "幻灯片放映"　　　B. "插入"　　　　C. "切换"　　　　D. "视图"

8. 在 WPS 演示中，只需放映全部幻灯片中的第 2，5，9 张幻灯片所采用的操作是（　　）。

A. 选择"幻灯片放映"选项卡中的"设置放映方式"命令

B. 选择"幻灯片放映"选项卡中的"自定义放映"命令

C. 选择"幻灯片放映"选项卡中的"幻灯片切换"命令

D. 选择"幻灯片放映"选项卡中的"自定义动画"命令

二、简答题

1. 放映幻灯片有哪两种方式？

2. WPS 演示文稿中的动画效果包括哪 4 种？请分别举例说明。

参 考 文 献

［1］侯炳耀. Office 2019 办公应用实战从入门到精通［M］. 北京：人民邮电出版社，2019.

［2］IT 新时代教育. WPS Office 办公应用从入门到精通［M］. 北京：中国水利水电出版社，2019.

［3］李岩松. WPS Office 办公应用从新手到高手［M］. 北京：清华大学出版社，2020.

［4］恒盛杰资讯. Office 2019 高效办公三合——从入门到精通［M］. 北京：机械工业出版社，2019.

［5］许永超. Excel 2019 办公应用实战从入门到精通［M］. 北京：人民邮电出版社，2019.

［6］德胜书坊. 最新 Office 2019 高效办公三合一［M］. 北京：中国青年出版社，2019.

［7］谭有彬，倪彬. WPS Office 2019 高效办公［M］. 北京：电子工业出版社，2019.

［8］郭立文，刘向峰. 信息技术基础与应用：Windows 10 + Office 2016［M］. 北京：北京理工大学出版社，2019.